U0907440

灵魂有香气的女人最优雅

花妖妍 著

文匯出版社

图书在版编目 (CIP) 数据

灵魂有香气的女人最优雅 / 花妩妍著. — 上海 : 文汇出版社，2016.5
ISBN 978-7-5496-1736-4

Ⅰ. ①灵… Ⅱ. ①花… Ⅲ. ①女性-修养-通俗读物 Ⅳ. ①B825-49

中国版本图书馆 CIP 数据核字 (2016) 第 080430 号

灵魂有香气的女人最优雅

著　　者 / 花妩妍
责任编辑 / 戴　铮
装帧设计 / 天之赋设计室

出版发行 / 文匯出版社
上海市威海路 755 号
（邮政编码：200041）
经　　销 / 全国新华书店
印　　制 / 北京毅峰迅捷印刷有限公司　010-89581657
版　　次 / 2016 年 6 月第 1 版
印　　次 / 2017 年 1 月第 2 次印刷
开　　本 / 710×1000　1/16
字　　数 / 160 千字
印　　张 / 14.5

书　　号 / ISBN 978-7-5496-1736-4
定　　价 / 32.00 元

序　言

活得像一片羽毛

我第一次看《阿甘正传》这部电影的时候，是在朋友静家。那是一个闲着无聊的周末，尚待字闺阁的两个女孩，刚刚工作不久，一切懵懂。对情感，对未来，混沌未开。

打发闲暇时光的兴趣之一，便是选碟买碟，然后肩膀挨着肩膀开始看碟。

我们看《美女与野兽》《泰坦尼克号》《保镖》《人鬼情未了》这样的美国大片，因为都是获奥斯卡奖作品，炒得火热，热得像刚出炉的面包，带着滚滚的浓香，诱惑着年轻好奇的我们去欣赏，去审视，去品尝。

新买的碟片塞进VCD机里。

机身上红色的灯在格子柜下眨着眼睛。那时，音箱也还没有现在这样精致，大都是纯木制。庄重的身子，从里面发出的声音，也是质地清亮；混响的回音，清晰入耳，仿佛置身影片现场。

我的记忆里除不掉的，轻盈、唯美、永恒的画面，就在那一天，那一刻，随着屏幕上一片羽毛的落下，开始在心里生根。一片羽毛，在风中飘曳，它滑过汽车，落到某人肩头，最后停在阿甘的脚下，被他夹进书里。

"跑，福雷斯，快跑！"

应该说，跑是阿甘所能做的最拿手的事情。

记忆里，阿甘总是在不停地跑，不停地跑，跑过孩子的追赶，跑过橄榄球，跑过死亡，跑过全美。

零食在嘴里咀嚼，不停地咀嚼，仿佛把那些故事也给咀嚼了一遍。天呀，上帝给了一个孩子75的智商，却也没有忘记给他一双好腿。

上帝总是公平的。我们相视笑着，不由得说。

那些奔跑，给阿甘带来巨大的荣誉：战争英雄，明星球员。跑着前进是一种精神，我们那时候就懂得。

虽然年轻，我却记住了"跑，不停地跑！"

许多年过去，生活中，我也在跑，不停地跑。那是总把节奏放得很快的一种生活。

快，成了我的一种习惯。走路快，说话快，写字快，看书快，甚至看到年纪长一些的人慢悠悠的样子，便觉得他们完成一件事情要太久，久得让人讨厌。

瞧瞧，现在的社会发展也快。这使我凡事都努力，步子一直跑着前进，急迫得像后面有人在追。

可是又能怎样？日子匆忙，脚步匆忙，身边过往的人群，在我眼里也是行色匆匆。

职业女子，总是顶着这样或者那样的压力。旅游，喝咖啡，公园里坐着小舟恣意游荡，或者去海边度假，那些小资情调都是为有钱、有闲的人准备的。

疏忽于打扮，疏忽于品味一杯酒、一盏茶的意义，甚至连散步、旅游，也无暇领略大自然深藏的真正韵味——上车睡觉，下车拍照，跟着导游跑，跑，跑。

像极了魔鬼训练营。

到处都是卡奴、房奴，到处都是为求得物质生活的更高层次，而忽略心灵休息的人群。

我们没有资格享受。因为，江山是别人的江山，我们只是山里的一只蝼蚁。

总有不断更新的知识，让我不停地吸纳。

快的好处是，我没有耽误过工作进度，没有错失过那些靠近身边的机会。在我成长的过程中，每一段时间该做什么事，我都做了。该拥有的房子、车、孩子，都如期而至。

可是，还有更丰富的生活等着我。

还要住更大的房子，买更好的车，还要为孩子的将来准备一笔不菲的学费，还要为以后的日子准备好养老保证金。

我甚至忘记了《阿甘正传》里那片羽毛自由飞翔的优雅从容，只把那份唯美的画面留在脑海里了。

某日，在单位的报告厅听同事们的演讲。一位同事演讲的内容是《牵着蜗牛去散步》，放慢脚步，去欣赏一份擦肩而过的美。

她的声音很清脆，演讲的内容是平凡人的生活观，在压力面前，要学会释放压力。平凡的队伍里，活得自在的人多的是，责任二字之外，还有生活，我们要懂得生活的要意。

那一刻，心忽然被咚咚地敲了一下，像被轻锤击中。

那片洁白的羽毛从脑海里飘出来，它无意何方，自在飘荡，天花板上、亮着的灯下，仿佛都有它的身影，牵着我的一丝意念，甚至牵扯到我内心一块坚硬的地方。

顿时，我被那片羽毛击中。

台上的演讲，听得不再真切。

而内心有一个声音，却在反复述说，做什么事情，都要自然而然，出于本能，出于快乐。照着自己的轨迹前进着，无论怎样的速度，只要前进，就会抵达那个叫梦想的地方。

那以后，我不再过于急迫，要活得像一片羽毛一样。我对自己说。

做那样一片纯洁得像雪一样白的羽毛，做一片在风的追逐下不慌不忙的羽毛，做一片在广阔的天空下自由自在飞行的羽毛。

赏花、品茗、尝泉、着装、读书、写博，平凡人的生活原来也可以是这样从容不迫、优雅动人。做一个优雅的平凡人，做一个淡泊却不庸碌的人，也是一种修为。

不是没有梦，不是没有追求。我们的梦从来没有止境，无论它是命中注定，还是随风飘零没有定数，我们都无从知道它会落在哪里。

但，在追求的过程中，我想，活得像片羽毛，让心长出羽翅，那天使之翼将指引我们去一个宁静世界，那是一种安宁、随性的生活态度，那是轻盈美丽的生命真理。

不必执着，只要随着风一路走下去就好。

目　录

Contents

浪漫风暴——醉

为你准备——美

举手投足——雅

岁月静好——闲

浪漫风暴——醉

疲倦的时候，去看看那些花。无论是野外河堤边的，还是种植在各式花盆里的，也或者就是在哪个角落。看着它们静静地开落，走过季节，让时光都有了甜美的味道。

心里慢慢涌出一句歌词来：告别了花香，失去了向往，连回忆，都不再芬芳，都不再飞翔。

此时，坐在河畔庭中，水面有楼群的倒影。柳林间，有鸟偶尔轻啼，一切浸在这绿油油的荫里，蓝澄澄的天里，清浅浅的河水中。

醉了，醉在花香中，醉在笑声里。

品茶——茶里暧昧的前世今生

朋友来我家做客，提了一大盒包装精致的铁观音。单看那盒子，就知档次不低。但生活中，对茶素无研究的人还是居多。

买茶，我也只有一个概念，那就是，茶的好坏看价格。茶叶的价格越高，自然应该越优质，大众消费观大抵都如此。

父亲也爱饮茶，每每逢年过节，我也送父亲茶叶，以示孝心。选茶并不讲究，捡贵的买就对了。

平常人喝茶，不讲究茶道，对茶艺的表演，也只是一时之兴。观了赏了，绝不与生活接轨。

有时，我会捧着一只白骨瓷小盅，使手心的温度与杯中的温度相和，装模作样去学那些高雅的饮茶动作，好像这样做，就把中国的茶道文化给喝进了自己的骨髓里。

不，事实上，我没那么精于此道，也没有更多兴趣去研究各种茶道艺术的精髓。通常是，捏几片茶叶，置入杯中，冲入烧开的水，盖紧杯盖，闷一会儿。

然后看茶叶在杯中沉沉浮浮，渐渐舒展青绿的小身体，如绿衣小妞翩翩起舞。偶尔入迷，仿佛看到了整个茶园的春色。亦有时，置身安静的办公室，捧着一杯清茶，揭开盖，茶香飘来，便觉大自然都在心中装盛。

中国的铁观音茶艺传达了“纯、雅、礼、和”的茶艺精神理念。

我倒一直以为，不仅铁观音如此，所有的茶文化，都蕴藏此深意。

纯的不仅是茶性，也是人性。与纯净的人喝茶，心亦安宁端正，不怀心机。

与朋友聚于茶座。茶社老板针对每个人的状况，推荐了不同的茶。我有些咳嗽，遂单独上了一小壶冰糖雪梨茶。

原来这也算茶。几片雪梨，几朵小花，几块冰糖，在透明的玻璃小壶里摩肩接踵。置壶于酒精灯似的火上慢煮，于我十分体己，甜爽甘纯，滋肺养身。

看她们，轻轻地提起小壶沏茶，动作优美，细水慢流，不注满，只七分便好。有的饮玫瑰花茶，有的品龙井茶，也有喝菊花茶清火的。

青花瓷的小杯，捧在手中，盈盈的茶水浮动着热气，就这样静静闻，细细品。欧美抒情的乡村音乐陪衬，茶局典雅，让人不再心浮气躁。这样的环境，是茶的神韵感动了人，还是人的纯净提升了茶味？只觉得，一份彼此的心心相惜，都在那杯茶中。

于是豁然，感恩于自然，敬重于茶农，诚挚于茶客，茶中的“礼”意，有多么重的分量。

《红楼梦》里那位“好高人愈妒，过洁世同嫌”的带发幽尼妙玉，在“品茶栊翠庵”设茶待客的情景常在心头晃过。

那天贾母宴饮大观园，乘着酒兴带了刘姥姥一行人来到栊翠庵，一面欣赏院中繁盛的花木“比别处越发好看”，一面品尝妙玉的好茶，做了妙玉的茶客。

妙玉相迎进去，亲自捧了一个海棠花式雕漆填金云龙献寿小茶盘，里面放了一个成窑五彩小盖盅，捧与贾母。

我想，这茶未曾入口，单这精致的容器就够欣赏一阵子。

更绝的是，妙玉的茶不是普通的水泡制，是旧年蠲的雨水。不会喝茶的人，单听说这茶水的来历，怕是要感动一阵子。

然而，这些茶并不是绝好的。妙玉悄悄将宝钗、黛玉拉入耳房内，宝玉自然会跟了进去，喝的却是“体己茶”。

这茶水的来历让我在读书的时候过目难忘：“收集梅花上的雪水”沏的上等茶，“一鬼脸青的花瓮一瓮”，“总是舍不得吃”，“一直埋在地下”的，盛装茶水的器皿自然也是稀世之宝。

这样的茶喝了，且不说是何等享受，单妙玉这番心思，也会让俗人感激涕零了，知己知彼的情分与心思，就在这一盅茶里面源源不绝。

以茶传情，这样隐蔽的心思，当事人仿佛置身事外，局外人却感同身受。

情之传递，如果一定要含蓄得如此精心，但所爱之人却又似懂非懂，拿明白装傻，那是一种什么情形?

对于品茗的学问，因为妙玉的那次茶宴，我心有千千结。

我能理解妙玉的“矫情”，把自己强制于“槛外”的四大皆空，却又将眼睛紧紧盯住“槛内”的“红粉朱楼春色”，尘缘未断而又无法迈进尘缘，追寻爱情。

她聪明地用茶来表达心意，那一盅茶水里早已斟满了她的纯情、专情、深情、热情。那一盏茶里暧昧的前世今生，都尽在不言中。

现世的爱情，或也有那样一盅水，泡着爱情茶。

如果爱一个人，爱他到了骨子里，就如飞蛾投火，明知会粉身碎骨，却无怨无悔，明知成灰，仍将自己融化。那是种什么境界?

关于茶与水的爱情故事，听得很多，有一种却让我喜欢。

水对茶叶说，我看着你沉入我的怀里，看着你像一朵花儿一样沉入我的心底，然后，静静地将自己展开，先是墨绿，既而深绿。

现在，你已拥有最美丽的翠绿，你还冷吗？还打算将自己炸干、重叠、翻卷、收裹、隐藏，到明年的春天，才让我来融化你吗？还是你眷恋着自己发香的身体，不肯让我来拥抱？激情盈满胸怀时，那一腔热流，融化了你吗？

你在我的怀中荡漾，在无数次的撞击与浸泡中，微笑着，同我一起坠入那流淌着爱情的水里。

哪怕从此，平淡得不再如初次相拥，但我们已不分彼此。

现实的我们有太多的自以为是、悲天悯人，有太多的伤春悲秋、自怜自艾。饮的是茶，品的是味，谈的是情。

世上没有爱的生命，是寂寞的。

据说，茶喝三道，第一道，苦若生命；第二道，甜似爱情；第三道，淡若轻风。

因为有爱情之甜，人生之苦才不那么苦。有苦有甜，淡下去的日子，才叫人懂得回味。

味至浓处总会淡，情到深处渐转薄。生活如茶，也只有一步一步走下去，才会渐渐品出人生的甘甜和平淡。

平淡的生活，是逃不掉的。爱情最终平淡成一杯水，也是逃不掉了，仿佛一部小说，总有开端，发展，高潮，直至结局。但有了结局，并不代表就是完结，还有回味。

品茗，不仅是为了养身，不仅是为了解渴，不仅是为了讲究茶艺文化，品茗亦在品味人生，品味心情。

每个人都充满了故事，每个人都活在自己或者别人的故事中。

品茗时，想起人生遭遇，唏嘘莞尔，或者喜悦兴奋，但最终还是要调整心态，过好每一个今天。

毕竟，命运是杯中水，人生是水中茶，无论怎样沉淀，都会渗透出或浓或淡或苦或甘的滋味，最终，回归无味的本真。

我喜欢与讲究格局的人对饮清茶。虽然没有空谷深涧、翠微云岭的环境去嗅兰的芬芳，品茶的清味，也没有山泉、陶壶、微火，煎一碗清风明月，听山风翦翦、松涛溪水的雅致，但在忙碌的现代生活中，给自己品一杯好茶的时间和心情，在工作失意或者婚姻无味时，让心灵经历一次洗濯，总能变得通透明净。

赏花——穿越心隙与你相遇

秋日，午后。

天气不冷不热，阳光像温柔的手，轻轻抚摸着大地上每一个生灵，温情脉脉。抬起头来，透过窗棂，可以看到楼下郁郁葱葱的树，叶子还绿着，却不再是夏日油绿的样子，色彩更深，透着一丝岁月的模样。

树底下，还有几片小野菊，零星地散落在草丛中，好奇地张望。

天很蓝，像水洗过一样。几片流云如绸，轻柔而疏淡。

这天空，如果没有了这些云彩的流动，就缺了几分生动。一如，这片森森的楼群，没有了这些花、这些树的映衬，便显得刚硬，像男人棱角分明的下巴。

其实，只要有时间，我总会在阳台上那个蓝色手指托举造型的单人沙发上闲坐一会儿，让自己自由遐想。也可以什么也不想，就那样静静观望楼下的树，以及那些树间的花花草草。

远远地望，心里总会有一些感动。

每一株树，树上的每一朵花，总会如期而至。不会早一步，也不会晚一步，像一个守时的孩子，定时向你报到。

如是，人们总会在固定的时候，做一些习惯的事，总会在某个时段离开那个叫家的地方，去向另一个叫单位的地方。然后，又会在一天结束的时候，如同回家的雀子，纷纷涌向不同的门。

有一丝淡淡的风，将一丝细细的香，送了进来。骤然间，脑际就会涌出一句“杖藜曾是为春忙，紫陌青山到处芳。不为竹林棲隐地，好风时绕野花香。”可真是家园偶闻野花香，且香得那么入心入肺。

周末的午后，离开电脑，离开屏幕，离开一个远而又近的互联网营造的世界。那个世界如此巨大，用网络这个词，也真是贴切至极。

以至于，我们已经忘记了初衷，忘记了和身边的朋友一同去散步，相约喝一杯茶。甚至忘记了还可以一起去野外踏秋，骑着单车寻找周围的风景。我们真的忘记了许多，那些离我们很近的世界，在眼前，明明就那么恭恭敬敬地迎着你，期期艾艾地向你招手，可我们却常视而不见。

手指揉着太阳穴，换上平底的运动鞋，屋子被关在身后。一个物质的、拥挤的、装着生活重负的屋子，离我越来越远。

走出屋子的那一刻，身子变得很轻，只有一把钥匙、一部手机的重量。

门外，三三两两的行人，像每日所见。每个人，都有着或平静，或愉快的脸。我们走在同一条路上，然后交叉，然后渐远。

目标不同，路的尽处，总有另一番天地。

我所去的，只是河滨的公园。

沿河的地段，因为有水，于是有了榭，也有了花草和桥段。水边也绝不会空着，总不会忘记生出一圈绿树织成的锦缎。

柳丝轻抚。

在我看来，无论是杭州西湖边，还是乡下的哪条小溪，或者城市里特有的河滨公园，如果没有岸边树，便少了几分灵动，少了几许生机。

柳树好像是专门为河而生的。

弱柳拂风，它总是绿得那么久，从开春吐芽抽枝，到了金秋十月，那一袭绿衣还不舍作别。

它因为柔软，因为缠绵，总与情爱有关。崔橹在树下感叹："风慢日迟迟，拖烟拂水时。惹将千万恨，系在短长枝。骨软张郎瘦，腰轻楚女饥。故园归未得，多少断肠思。"

柳毕竟是柳，来不及将那浓浓的思念绕指柔，已又是日渐花哨，莺穿柳带，烟柳画桥，风帘翠幕，参差十万人家。

有几个孩子在雀跃，他们在河边小径旁的花圃中捕蝶儿。

欢快的笑声，清脆地传到很远的地方，仿佛化不开的水雾笼罩在心间，嫩生生地滴着一种叫喜悦的东西，心便跟着融化在这风这景这笑声里了。

那花，开得正盛，姹紫嫣红。一边的斜坡上，万朵齐放的是那种路边的野菊。"忽见陌头杨柳色，悔教夫婿觅封侯。"

或许是这花开得太过热烈，晃晕了我的眼。亦或是这香，太过隆重，袭得我不知所措。

"迟日江山丽，春风花草香。"这秋风里，花依旧香入骨。也去过千荷园，那里的荷花齐齐盛开，也是这幅铺天盖地的样子。

花好像说好了似的，那些春天的花，夏天的花，秋天的花，冬天的花，只要轮到它们的好时节，绝不错过，一朵忽先变，百花皆后香。于是想起清代诗人郑板桥曾写过几句诗："身在千山顶上头，突岩深缝妙香稠。非无脚下浮云闹，来不相知去不留。"

你自可来，我自芬芳。面对太阳的，不仅只是路人，还有默然无语的花兀自开放。

可是，这些花儿，哪一株不是经历了几番风吹雨打云，否则，

香消玉殒，余下烟蒂便被随手扔去，那种结局又何尝不是众所周知。

不做男人的烟，那就做火，也好。

不断点燃他所需要的烟。然而燃烧别人的同时，自己却依旧沦落到渐渐熄灭的下场。

只等待下一支烟的到来，火依旧会燃起，心痛地燃烧着别人，牺牲自己。

而烟却是有毒的，看着他一点一点麻醉下去的日子，火不断点燃，不断熄灭……没了自己。

当他不需要吸烟的日子，他的火还有用吗?

愿意做烟的女人，如果是为了激情，那么愿意做火的女人，是为了什么？仅为他人作嫁衣时，默默燃烧自己吗?

火的感情，不是为自己准备的，可她的心却被烧得生疼。

那个火的名字叫“红颜知己”，而她最美丽的燃烧原是一种“飞蛾投火”！

不过虽然如烟的女人曼妙柔美，但红颜易逝。不做火，燃烧或者照亮，不在恰到好处的时候熄灭，总会使人受伤。

懂得幸福的女人，也许有空谷幽兰般高雅，也许有清泉流水般随意自由，也许就是平平凡凡、普普通通的一个居家女人。

她会在属于自己的那一片天空中，使属于自己的生命尽可能开放，为天空，为候鸟，为来往的风，展示属于自己的美。

这样的女人，留给别人的是愉悦，留给自己的是无悔。

艾丽与我，在那样一个充满温情的咖啡馆里，说着那样一通闲话。离开的时候，艾丽没有拿走剩下的半包女士烟，而是微笑着说：“这是最后一次做烟女人了，以后，要忘记那些困扰在心里的东西，重新生活。”

她遭遇了第三者插足，幸福婚姻转眼灰飞烟灭。那些痛，痛不欲生。

艾丽继续怀着各种悲愤过着独身的日子，再遇良人，也不敢接受。她不信爱情，不信男人。

我们聊天聊到深处，有些晦涩难解的道理，在那一刻豁然开朗。

以后的日子，不断听到她的好消息。把自己当回事儿，把每一天当做一种享受来活，不纠结于一个旧人，不困于情，不乱于心，打开心扉，欣赏自己，世界如此美好。

我们在电话里，常会心发出一声喜悦的总结：“生活如此美好”。

只是，那弥漫着薄荷香的味道，还有烟雾里那张模糊的脸，总这样时不时悠悠飘荡在我的心海中，使自己在心有迷茫、苦恼的时候，品尝出生活的另一番滋味来。

阅读——寻找，然后进行一场有预谋的邂逅

有两个女人，我常藏在阴影里偷偷观望她们。

确切地说，不是藏在阴影里，而是在某个闲着的午后，或是一个落雨秋凉的夜晚，总之，有一个适当的心境，没有干扰地聆听她们的话语。我像个可爱的观众，只能在她们身后，她们的文字里，去读她们的思想，包括她们的私生活。

其实，她们活得并不恣意，甚至可以说，活得很辛苦。

因此，我很自豪，我比她们懂得生活。

可是，对那两个女人，我又是如此疯狂地喜欢。她们像被突然

通上了电流的彩灯一样，闪出光芒，这光芒照亮了很多人，也照亮了我。可是，她们的眼睛并不看我。她们的眼睛里，有更丰富的世界。那个世界，也对我打开。

我知道，我要进入那个世界，和她们一同去。只是她们看不见我。

有些人，注定是要被人看见的，她们会照亮，会发光，用自己的刀或者利器。

我还会从不同的渠道寻找她们的身影，报纸的报道中，网络的介绍中，只要我想去寻找，总能寻到。

一个女人因为写作，连当孕妇都当得不那么像话，以至于孩子生下来，没多久就夭折。她自己除了发疯一样地自说自话，或者听别人说话，除此还能做什么？男人不要她了，离异，然后再婚。

这有什么关系？她就是她，活在自己的世界里，不用考虑别人的眼光，只自顾自地以自己的方式活下去。

这个女人叫爱丽丝·门罗。当她的名字从诺贝尔奖委员会终身秘书彼得·英格伦的口中念出后，会场响起一阵欢呼声。

人们举起相机和手机，对着英格伦的大脑门不停地拍摄。

门罗的好友，加拿大另一位著名女作家玛格丽特·阿特伍德则在推特上说："我的电话都快被打爆了，爱丽丝，赶快接电话啊！"

此时的门罗，正躺在加拿大安大略省一个小镇的家中，安然地睡觉。最终，是女儿把她从睡梦中叫醒。

天上掉馅饼，一下子就把她砸得晕乎乎的了。我以为。

不，她一点儿也不晕。她的辛苦，终于有了回报。

当年，写作对主妇门罗来讲是一件奢侈的事。她是利用一些间隙时间写作，甚至对自己每天的写作页数有一个定量，强迫自己完成，"这是种强迫症，非常糟糕"。

曾经一段时间，她要照顾四个孩子。她试过一直写到凌晨1点，然后第二天一早6点起床。“我记得自己曾经想，这太可怕了，我可能要死了。我会心脏病发作。”

有些女人为了活得优雅，美容、保健，甚至旅行的时候，她在写作。

有些女人在为服饰搭配、为爱情保鲜花费精力时，她在写作。

有些女人在为一顿可口的晚餐狠下苦功的时候，她在写作。

她从没停止写作。

写作，是一件很费脑筋的事，白发三千丈，不知不觉，就白了头。

岁月催人老。可是对于白了头的门罗，写作是一种冲动感，是一种兴奋剂。

她也写女人，写爱情，写背叛，写婚姻的种种坎坷。

小生活，充满寓意。那些生活，其实也是我们的生活。细细想想，人总是有活得不明不白的时候。

不明不白，却不耽误选择最适合自己的那种方式。只要存在，就一定是有存在的理由。

如果，这样活着是一种幸福的话，写作是让精神充实甚至丰富的唯一方式，她终究有自己的幸福和享受。痛苦地享受着，才有了光芒的照亮。

“我唯一用来填补生活的就是写作，我没有学会如何多姿多彩地生活。”面对法新社的记者，门罗谦虚地讲道，“我想，或许我在文学方面之所以成功，是因为我没有其他的天赋。”

另一个女人，我喜欢她说话的节奏以及语言的力度，每一句，都像一句诗，让人在呼吸之间，都有了流向。那是赫塔·米勒。

每天看着自己和其他人，却不曾注意到在你的身体里，有多少东西在崩溃，又有多少在重建。从何时起你的状态好了起来，又在何时丧失了气力。在长长的沉默之后说出的话，原本就不愿意说。

对生活可以谈得很多。对幸福没什么好谈的，否则它就不再是幸福了。

关注内心，关注成长，感受内心，感受幸福。不用去说，用一颗心来感受。知觉，需要智慧的化解和触摸的力度。

“但愿爱像割过的草地一样会重新生长出来。应该以别样的方式生长，好比小孩换牙，好比头发，好比指甲。它应该按自己的意愿生长。”

在我读这句话的时候，心里恍惚着。怎样的爱可以按自己的意愿生长呀？我们从来不缺少给予爱的能力，也不缺少收获爱的方法。

可是，有多少是按自己的意愿生长，爱死了，还会重新生长出另一份爱，爱是不断的。要继续，以爱的心去爱自然，爱人物，爱动物，爱一切。

女人的心，同样可以博大。

你知道，两个女人，活的方式不一样，说话方式不一样，思考的方式也不一样。但是她们同时吸引我，像磁石吸引铁屑一样。

我寻找她们的身影，从她们的书里。书是她们的思想，带着她们的魂。我常这样被这些魂牵走我的魂。

她们是佳偶，是良伴。

寻找她们的身影，在她们的文字里。我如一尾鲜活的鱼，纵情遨游。四下热闹着，有人在谈笑，有人在聊天，有人搓麻将，骨牌发出哗啦啦的碰撞声，一切，与我无关。

我就喜欢这样守着那些书，静谧地守着那些书，守着甜美的时光。让里面的文字、思想使心灵安妥，使眼光明亮，情感如河流淌。

有时，庄子从书中走出来，他摇着扇子，半闭着眼，冲着我吐出几个字：“大知闲闲，小知间间；大言炎炎，小言詹詹。”

无风无浪，却可以抚平我心头涌起的滔天巨浪。

为什么要斤斤计较？有智慧的人，总会表现出豁达大度之态；小有才气的人，总爱为微小的是非斤斤计较。

合乎大道的言论，其势如燎原烈火，既美好又盛大，让人听了心悦诚服。那些耍小聪明的言论，琐琐碎碎，废话连篇。就如我。

“知足者不以利自累也，审自得者失之而不惧，行修于内者无位而不怍。”

房子、孩子、车子，哪一样不要票子？为了能坐上飞机去旅行，为了能够到自己想去的地方换一种心态生活，必须得有足够的财力。

谁不为利禄奔波劳累？那不是错。紧张感、压迫感，常困扰内心。“累”字之解，不仅是心系田中庄稼呀！

累的时候，走进书里，真正理解“不为利禄而去奔波劳累；明白自得其乐的人，有所失也不感到忧惧；讲究内心道德修养的人，没有官位也不感到惭愧；知足自得，不逐名位才会超脱。”

读书，何尝不是一种修行。

我与那些思想卓越的人邂逅在一本书里。有时，在图书馆，有时在一家清雅幽静的小书店，四下静悄悄，大家都在寻找自己的良伴，每个人心里都有自己的指向。

我指向的，还有老子。“孰能浊以静之徐清？孰能安以动之徐生？”谁能在浑浊中安静下来，使它渐渐澄清？谁能在安定中活动起来，使它出现生机？

心静自然凉，当局者容易迷，但并不意味着不能“清”。从混乱中找到头绪，唯有镇定沉着。言之易而为之难，需要静下来。

先贤们那些深远的句子，总是一不小心从我嘴里溜出来，成了劝诫别人的至理名言。“道可道，非常道。名可名，非常名。”真是字字如金，金光闪闪。你可知道，没有什么是恒久存在的，包括道，包括名。天地本无名，一切都不要太在意。

包括这场邂逅，包括我羡慕嫉妒的那两位天才女作家。

她们是真正的“大方无隅；大器晚成；大音希声；大象无形；道隐无名”。

而我们，是不是也可以意识到，从“小”超脱到“大”的境界，总是要等到一定的时候才能悟到。明白这一点，我们可以坦然面对很多挫折。不为心役，不为生活所累。

网聊——微的不是信，是距离

我把玩着智能手机，里面的软件装了一个又一个，金山电池医生、手机助手、多米音乐、新浪微博……怎么可能没有微信呢？人人都在玩微信，安装一个吧，就当游戏一样玩。

信手按下安装键，很快，一个站在别的星球上望着地球的人形出现在我面前。

微信，是连接星球与星球的通道呀，连画面都如此直白地表达着其功能。

微信，成了生活的一部分。

只是，这部分生活在我看来，应该是可有可无的。能够见得着面的朋友，当面聊天不是比微信交流更实在？至于见不着面的，有电话联系，有电子邮件传信，要微信有什么用？

老了是吧？朋友们笑。

饭局上，人人手里都拿着手机。饭桌上是热闹的，饭桌外也是热闹的。

有朋友拿着手机在聊天，神气活现地说：“我用微信摇一摇，看一看附近有没有朋友。”然后，摇到一个头像。

他们视频，看见彼此，并不熟悉，好像人海茫茫中两叶相遇的小舟，擦屏而过，又继续摇一摇。

其实，聊天也不过是微信功能的一种。你不知道吗，微信，还有好多好处。

打电话不要钱，还可以免费视频。这是理财懂不懂。

你知道，不用U盘转来转去地复制文件，直接用微信接收和传递你需要的文件就可以了。

你知道，微信，可以找附近的人，还可以放漂流瓶。

你知道，有了微信，你可以在寂寞的时候不寂寞，在任何地方，都可以通过一个手机和陌生的人搭讪。

我在车站等长途汽车的时候，举目四望，眼前是熙熙攘攘的人群，而身边，没有自己熟悉的面孔。

手机铃声提醒，原来是微信里的一条信息。

附近的人。四下看看，附近都是在玩微信的人，谁知道是谁呢？陌生人骚扰中，不理睬。泡与被泡，无非如此。我暗笑。

我是有经验的，微信上的交流，要谨慎小心，防止意外。之前有网络新闻，某女孩子用刚买的苹果手机上微信，使用“摇一摇”摇到了一位网友。没想到，当女孩满怀憧憬地跟对方见面时，却被对方将心爱的手机骗走了。

后有，某市城管利用微信平台服务于民，都是指尖的运动。但凡存在的新生事物，有利有弊却是毋庸置疑的。

此时，车站有的人在看报纸，有的四下闲逛，也有的埋头打盹。电子屏字幕上，班车出发时间一条一条地显示。

时间在这时候显得缓慢而悠长。卖报纸杂志的柜台旁，那个烫着大卷花头的中年女子，也在手机上不断地挪动手指。

她的神情很专注，好像在和什么人交流似的，一会儿神采奕奕，脸上笑起了浪花。广播的声音从她头顶传过，旅客拉着旅行包从她柜台前走过，都不妨碍她乐在其中。

她眼中有另一个世界，不是眼前这个拥挤、嘈杂的地方。

我观察身边的旅客，将手机放在口袋里。

我身边，一个女人提着两个购物袋，白色高跟鞋上蹭了些灰渍。

一个男人手里把玩着钥匙，那是一辆汽车上的钥匙。他是旅客还是送行的人?

有一个孩子，用劲拉着提包的拉链，手里是从包里刚刚取出的茶杯。妈妈在一边嘀咕着什么，孩子表情不耐烦地丢下包，转身坐到候车的长椅上去，兀自戴上耳塞，玩起手机。

一个男人独自坐在长凳上看报纸。

大多数人都在玩手机，头低得要埋在胸前，像一只只鸵鸟。

那些手机里藏着各种游戏。当然，也藏着你或者我，这些有气息的活着的人。

我们在候车室里，心却在别处。

通过微信，我和另一个人聊天。聊我看见的这些景象，聊我将抵达的时间。聊这次出差，将去哪些地方，会有什么景致。

我也这样住进别人的手机里，就如同，别人住在我的手机。

我身边这些低着头的人，和我一样，没有意识到在这些细小的动作、这些习惯的动作里，我们学会了一种消遣，同时也让某些感知退化。

也许我也只是无意识地，在他们身上看出了那些由现代通信工具带来的轮回。如同候车室里的空气，和这些形形色色的人，和无声的指尖运动所产生的距离。

这些很近的人，有着很远的距离，是心与心的距离。

我看得到眼前这些旅客的头发、服装，甚至他们的表情、手机的品牌。这些如同一丝信号，让我越来越清晰地看到，越来越模糊的距离。

这些动作，一个接一个地连在一起，构成了完完整整的社会形象。但愿那些表情变化里有一部分，是由优雅地问候、默默地起身让座、热情地递上一杯热水开始的。

养宠——怀念那只叫念念的博美犬

老宅，老人，老狗。夕阳，晚霞，枯树。当然还有一个老伴儿。这样的景致，能入画。

读《清平乐 · 村居》时，心里不由想，辛弃疾到底是牛人一位，短短四十几个字，就把村居图景描绘得其乐融融。“茅檐低小，溪上青青草。醉里吴音相媚好，白发谁家翁媪？”

这对翁媪喝着闲酒，拉着家常，看着“大儿锄豆溪东，中儿正织鸡笼。最喜小儿亡赖，溪头卧剥莲蓬。”一切都是现世静好。

走过宋朝，乡村也是宋时的模样，传统村居的闲淡生活，隐逸在寻常巷陌的寻常人家。

生活需要有另一半来陪，才显得快乐。陪伴，有时候是一种被需要。

但人的陪伴，需要距离。就如最亲密的爱人，也不会时刻把你挂在心头。但是，最亲密的爱人，总会给予你亲密的陪伴。

人生，从来不是一个孤单的旅程。那只叫“念念”的博美犬就这样在我家安家落户了。

念念，所以起这个名字，来源李白的“入我相思门，知我相思苦，长相思兮长相忆，短相思兮无穷极。”以诗为证，两情既在久长时，还在朝朝暮暮。

念念不让我闲着，也不许我迟醒。它蹦上我的床，在我身边转悠，头蹭着我的胳膊，嘴里不消停地冲我“汪汪”：快带我去散步，天色多好呀，我要出去兜兜风。

漫步河堤，晨雾中，垂柳下，走几步就会遇见遛狗的行人。

享受着一天中最清新的空气，由一只小狗在前面带路。

身边，不时会有早起锻炼的人路过。人人脸色淡定，态度安然，这绝对让匆忙赶早班的人羡慕不已。

随处走，穿过小区的路，来到河边。一条再有名气的河，也不可能处处都是风景宜人。一条普通的河，也有其独特的风韵。

我用手机拍了无数照片，是有关念念的：它张牙舞爪逗着草丛中的蟋蟀。它咬着自己的尾巴打转转。它在朝阳下被金色的光笼罩，那双黑豆一样的眼睛，充满快乐。

或许此时，在街边，在河畔，在堤旁，那悠悠的人和闲散的狗，倏地成了不约而至的风景。也能入画。

据说，在路上走得越慢的人越有文化。他们在深思，他们在寻找，他们在发现。那必然该有值得放慢脚步去细品的东西。

晨风里的狗，人模狗样地跟着主人走着。有的憨头憨脑，有的活蹦乱跳。

狗对人的亲，是凭直觉的。

陌生的人与陌生的狗之间，也有一种传递方式。对着行人摇尾巴的狗，必是看到了那个行人心中的爱狗之情。

这是我喂养狗的经验之谈。

“有美人兮,见之不忘,一日不见兮,思之如狂。”这是《凤求凰·琴歌》里的诗句。念念大抵也算得上美人，邻家一只男犬，像个文艺小青年，整天围着念念转悠。

它们碰到一块儿，就热闹起来。追与躲。再追。

青草地上，两只白雪团滚在一起。与不曾多言文青狗的主人，相视也会问好，慢慢就成了朋友。

因狗而为友的，说不尽的都是关于狗的话题。

它们穿上超人的小衣服，斗篷披在身上，帅呆了。

有时也会穿着小马甲。别以为换了马甲，人家就认不出你了。

——哟，这是念念嘛，又换新装了?

——来卡呢？还在追求念念吗？情敌出现，那是只京巴犬。毛挺长，小嘴与脸成一平面。这样可不行，生的孩子就串种了。

主人说着笑着，犬儿们也在摇尾示好。

青春正好，岁月无恙。垂柳，河堤，姑娘，雪球一样的狗，何尝不是一幅小生活、小欢喜的风景?

狐狸一样的念念，狐狸一样的聪明。它总高傲地扬着头，不给那些犬儿争宠的可能。它的眼睛里，只有一个身影——那就是主人。

上班离开时，它趴在阳台上，一直彼此相望，直至不见影子。下班回家，它第一个迎接你，围绕着你的脚边跳着舞，非要一个热烈的拥抱不可。学会坐立，学会立着行走，学会听口令。

网络上有义犬救主的故事，也有导盲犬引领主人、充当主人的拐杖和保姆的故事。这些都不是传说。

它的生之信条里，守着一个词叫等待。

它的生之信条里，还有一个词叫无条件信任。

从念念身上，我才知，有一种牵挂无处不在。它能给你的，是温暖，是快乐，是忠诚，是无畏，是简单。

它走失后，我寻找了许久，未果。

念念带来的那些欢乐以及留在心底里的思念之弦音，无声无息，出没在心底，让人在某一些时间无法呼吸。

别离是淡苦的水，孤独是一匙咖啡。我把相思煮得浓浓，品你留下的支离记忆。

那次你离开我，是风，是雨，是夜晚；你笑了笑，我摆一摆手，一条寂寞的路便展向两头。

从念念开始，告别单调的市井生活，为自己重建一种清新持久的意境；从念念结束，为自己拾回另一份没有依赖、独立而健康的生活方式。

宠物再也不敢养。

而心底却常细细思量，等鹤发满头时，儿女长大后，老宅里还会有一只叫思思的犬，伴我一起重拾念念带来的那些快乐时光。

听曲——醉在音乐陪伴的小时光

喜欢音乐的人，本质总是不坏。朋友这样阐述她对人性衡量的标准。

我们通常喜欢坐在静雅的茶社，或者躲在自己的小天地里享受空闲时光：电脑里播放着喜欢的音乐，喝着刚刚泡好的茶，坐在阳台上，翻翻书，或者什么也不想，什么也不看，就那么坐着。

听一听流泻在这空间里的音乐，就觉得生活那么惬意，那么美满，那么知足。

刚刚好的温度，刚刚好的色彩，刚刚好的味道，以及你我刚刚好的心情。

在这样的情绪下，喜欢听一些轻音乐，班德瑞的钢琴曲，或者民族器乐的演奏。这些都能让我置身在一片清静空灵的自然境况下，心生感慨，忘记工作时的匆忙，生活中的小烦恼，单纯地为一首歌、一支曲而感动。

诗人说："因为不存在，我才去寻找。"

哲学家说："路的尽头不是终点，而是超越。"

评论家说："一切伟大的艺术家开始走自己的路时，总是孤独的，不安分守已的天性，把他们引向伟大的美。"

所有的艺术都是相通的，音乐，绘画，书法，写作……

而所有的艺术都是有声、有色、有情、有绪、有知、有觉。

对艺术总是充满敬畏，也凭着欣赏艺术的身份，由敬畏到贴近。

我喜欢听窦唯创作的乐曲。那张《早春的雨伞》的唱片，听了许多遍，听不够地听。

那是一张即兴民族器乐的唱片，呈现的是一种纯中国化的文人山水画的意趣。听起来特别的自然、恰当，没有任何别扭与突兀，这不能不说是一种奇妙的化学反应。

这是音乐人的造诣。让人在单簧管、竹笛、键盘、打击乐共同编织出的一派幽微幻化时空的斑驳碎影中，感受到了一个山水空灵、虚静澄明的精神世界。

那张唱片中的音乐没有"漩涡和爆炸的中心"，甚至连曲目的名字都没有，只有悠闲和旷远的铺陈。这些器乐通过音响的效果，在虚幻的时空中叙述着独到的感悟。

也喜欢在走路的时候，静夜的时候听一听《冰菊物语》《琵琶语》《落红》这样的音乐，让人在晴雨寒暑、风雪云烟中出没，仿佛到了山石小径，呼吸着湿润的空气。那远山朦胧，瘦水清澈，一种难以名状但又依稀可见的缓慢气流，阵阵袭来。

自然静谧中有一种温暖、安详的情愫，在音乐陪伴的时光里透着一份空灵和欣喜。

9 月 2 日那一天，我将个性签名改成“我爱你中国”。

明天，中国人民抗日战争暨世界反法西斯战争胜利 70 周年纪念大会在北京天安门广场举行。

有时，歌曲呈现的不仅是一种节奏、一种曲风，更是一种精神。

听着这样的歌，热血总是沸腾起来。

《怒放的生命》《飞得更高》是对生命的一种诠释，对追求的一份呐喊。受挫的时候，让激昂的音乐催人奋进，没有什么能比音乐更鼓舞人心。

生活中，如果没有音乐，那将多么无趣。

生命中，缺少音乐，那将多么枯燥乏味。

用音乐煮茶。杯里，嫩嫩的芽，沉沉浮浮，如乐曲的音符在眼里跳动。听着或旷远，或悠扬，或轻快的乐曲闭目休养，这种时候，是很容易让人产生“不知今昔是何年”的感叹。

走的路多了，总会对人生有些感慨，有些体悟。

请允许我就这样守着一段小时光，静静地做一枝青叶，在音乐的潮声中，静静地为生活守候。

为你准备——美

世间女子，哪位没有一颗爱美的心？甚至在那个只穿蓝色与绿色衣衫的年代，也会在梦里渴望一方红丝巾。

轻抚颈间丝巾，顷刻心头柔软无限。它们是未定型的，我们可把自己的喜怒哀乐和十丈红绫化在一起。

轻贴肌肤，总有一片柔软温存安慰你。

美艳或是幽朴，缥缈也是温存。自由欢喜，承恩尽欢。

丝巾——承恩尽欢丝巾恋

我在腾讯空间相册里秀了一张自己的写真照片，照片上的我着黑色风衣，唯独颈处系着淡黄底色有星花图案的小方巾。

朋友 Daily 夸这丝巾系的真是点睛之作，提亮了整个人的神采。她问，这是什么品牌的?

如我一样，她也是丝巾控，拥有着不同颜色、不同款式的丝巾。每套衣服，总会有相应的丝巾搭配，或女人味十足，或学院味凸显。

我们喜欢讨论爱马仕、宝石蝶和天堂故事这些品牌的丝巾，一直在对哪种品牌的丝巾最贴心争论不休。

她钟爱宝石碟的丝巾。

毕竟，作为一家极富创新型的围巾生产公司，秉承自主创新与追求卓越的传统，设计数千款花色各异、带有人文色彩的丝巾迎合着大众的需求。

他们的丝巾图案全部为原创，也可以定制你想要的图案。

当然，不仅原创，而且时尚。Daily 这样个性鲜明的女子，自然是喜欢那种凸显个性、展示女性本身魅力所在的特色设计。

做瑜珈，四处旅游的她，在帕米尔高原拍的照片中，就系着一条厚厚的围巾，倒是与那里的蓝天与旷野融合一体。

而我更钟情南歌子与天堂故事这两个品牌的丝巾。

每每看着天堂故事的标签，心里仿佛开了一道光亮的通道，通往那神圣的世界。纯净、仙境这样的词汇不由得从心底里冒出来。

当然，品牌有品牌的内涵，而我却讲究对品牌由心而来的感觉。

每一方丝巾似乎都蕴含着一个美丽的故事：

那是让比尔·盖茨津津乐道的梅琳达戴着丝巾优雅而干练的模样；那也是前无古人后无来者，让爱德华八世不爱江山爱美人的温莎夫人的风采！

或许这是世间众多女性妩媚感性的写照。

而南歌子这个牌子的丝巾，起源于一个女子的名字，这总让我不由得想起《南歌子》的词来。“天上星河转，人间帘幕垂。凉生枕簟泪痕滋。起解罗衣聊问夜何其。翠贴莲蓬小，金销藕叶稀。旧时天气旧时衣。只有情怀不似旧家时！”

“天上星河转，人间帘幕垂”，以这句作景语起，但非寻常景象，深情熔铸，本是情深，但那方由此而命名的丝巾，可否也是女子心头一个婉转的小念头？

“帘幕垂”言闺房中密帘遮护，此中人情事如何？直教人生死相许。

这是一首哀怨词，也有不同版本的《南歌子》，写出不同的意韵来。丝巾之所以命名南歌子，是否取词中一首，已不是我所关心的内容，毕竟此南歌子非彼南歌子。

不悲怆，不伤感。却同样道尽所有女子心头的秘密与情感。

深秋的一袭丝巾，道尽了女子的种种性情。或浪漫，或时尚，或温柔，或风情万种。真正的丝巾女子，哪有不懂得生活的？

小丝巾总是给职场女人平添一份风情，是干练，也是品位。优雅是女人无声的武器，不知不觉间也就多了几分信任。

正如我的黑衣适合搭配鲜艳的色彩。红色丝巾映衬，平添一团火的热情。鹅黄的丝巾又多几分娴雅的意境。同样花色图案的，仿佛黑色底子里开出的耀眼之花。

那些简单打结，成就了的，就是美丽。

各种流行混杂的当下，唯有系着丝巾的女人被男人认为最优雅迷人、最风情无限，也最想去认识。

世间女子，哪位没有一颗爱美的心？甚至在那个只穿蓝色与绿色衣衫的年代，也会在梦里渴望一方红丝巾。

轻抚颈间丝巾，顷刻心头柔软无限。它们是未定型的，我们可把自己的喜怒哀乐和十丈红绫化在一起。

轻贴肌肤，总有一片柔软温存安慰你。

美艳亦是幽朴，缥缈也是温存。自由欢喜，承恩尽欢。

伊丽莎白曾说："不戴丝巾的女人是没有前途的女人。"有人对此话不屑一顾，南歌子认为，伊丽莎白用偏激的语言说到了美丽的重要性。

衣橱里，那些不同品牌、不同色彩、不同质地的丝巾，悄悄等待着一场场盛宴。

玉颈生暖，更是一种由外而内的呵护。

我喜欢这样的温暖，内心时时感受着另一份召唤。

有人说：颈间缠绕丝滑，自信地转身、微笑、挥手、举杯。微起时，随风飘荡着邂逅的召唤。

我在人生的旅途中，不断邂逅着不同系着丝巾的女子，无论是何种肤色、何种职业、何种着装。

她们在街道的梧桐树下散步，或者在人行道上疾走，也或者在阳光明媚的某咖啡馆的拐角处回眸——那飘逸着女人气质的丝巾，亮亮的，柔柔的，雅雅的，对上我送过去的目光，美不胜收。

风衣——风中有朵雨做的云

我认为，在有风的日子里，风衣是最煽情的衣服。

风衣，天生有一股子中性的气息，透着几分干练，几分妩媚，几分落寞，几分时尚。不同的人，总能穿出不同的气质来。

无论是女子还是男子，在深秋或者初春，着一身或浅或深的风衣，走在落叶遍地金黄的树林，或者浅草刚刚没马蹄的郊外，那人那景，便已经是我眼中的风景了。

少女时代，就曾渴望拥有一款风衣，渴望得那么久，深入骨髓的想念。

表姐长我几岁，那时候她参加工作早，可以做到想穿什么就买什么的地步，让人羡慕。她淘汰下来的风衣，一款铁锈红色的，长至膝盖，双排扣，在当年还读书的我眼里，已经是相当摩登了。

那铁锈红的风衣，穿了许久，穿不完地穿。在记忆里，颇有几分沧桑与困惑。

那时候，我曾穿着别人淘汰下来的旧衣，当宝一样珍惜。

娘在笑，说长大了，你就懂了——有些服装，不是因为淘汰，而是因为不适合。

直至后来，我才发现，原来那件我记忆中的风衣，表姐虽然当时买的时候喜欢，可那衣服，融化不了她的气质。或者说，表姐面对这款样式和颜色都喜欢的风衣，却拿它没办法。

因为，那衣服穿在她身上，是那么不相宜。

当我拥有了第一笔工资，便即刻为自己购置了一件米黄色的长款风衣。

那时，还不知道如何使风衣穿得更有味道呢。长长的摆，窄窄的肩，明明个子还不够高，却说这风衣怎么可以这样长，长得都快要没过脚踝了。

皮靴也没流行起来。但也已经有人穿起高筒细跟的皮靴了，里面着短裙、毛衣，外罩风衣，还不忘记围上一款丝巾。

天呀，这身衣服穿得多像画片上的明星啊！我常对着那些身材高挑、穿着风衣的女子背影用目光狠狠地追逐。一个爱美的女子，总会不断从内心深处，幻化出自己着风衣的样子。

可是，我的风衣，始终没有穿出那种飘逸着童话味道的气质。

下雨的天气，平底鞋走路溅起的污渍倒是在风衣的下摆处留了许多痕迹，像一个个难看的小蝌蚪附在衣服上似的。

朋友艾米说，你的个子不够高，你该买中款的风衣，而不是长款。如果你要挑战长款，做飘飘欲仙样，你就得有承受高跟鞋折磨的勇气和毅力。

看着自己脚上的运动鞋，心里轻轻地叹了口气。是我不会打扮，还是的确没有穿风衣的气质?

电影《晚秋》上映，汤唯在剧中的文艺女青年装束和冷漠又不失韵味的镜头，让影迷为之疯狂。复古宽松的风衣搭配，让汤唯看起来知性又迷人。

风衣打扮的汤唯将长发盘起，成熟而又有些落寞的女子，眼神中却透出坚定。

这种气质，这种优雅的女人味儿，其实，你也可以拥有。

春季的到来，选一款经典不衰的风衣让这一季焕发新生机，还可以平添更多时髦优雅的味道。披一件风衣出门，心也变得像风般自由，可以是裸色与经典英伦风格相融合，也可以是鲜亮的色彩散发出优雅的时髦感，总之会让你感受如春风般清爽宜人的清新魅力。

在春风拂过的时节，用风衣搭配，展现出十足的知性文艺范儿及优雅女人味。

朋友丽丽是腾讯 QQ 的红钻贵族，她在选择穿衣搭配上，喜欢对照着 QQ 秀的形象来设计自己的服饰。用她的话说，没有不会搭配的典雅女人，只有不用心思的懒女人。

我却喜欢跟着电影学穿衣，这真是一个老套却实在的现象。

电影《花样年华》让我们见识了上海女人的旗袍；《穿 PRADA 的女王》中，女魔头和小助理安迪的造型令人惊喜，因为她们把令全世界女人垂涎的高级时装 Dior、Chanel、Gucci……穿了个遍。

不用说，有了模特的指导性着装带来的视觉感受之外，模仿或者再创新，身穿银色风衣，头戴小礼帽，裸露着小腿，疾步在喧嚣的大街上，锦衣夜行，惊心动魄。

如今，风衣的款式越来越多，已经从过去的实用性上升到美观性。改良款的风衣，个性较传统款更加鲜明，有非常嘻哈的，也有非常卡哇伊的。

《色 · 戒》里汤唯的风衣，是真真正正将实用性与时尚性结合了起来。头戴小礼帽，风衣底下裹着的身材曲线玲珑，裸着光洁的小腿，疾走在车水马龙的老上海街头。

这情景就是放在今天，依然是风情无限的。

从银幕走到生活，无论是经典怀旧的，还是时尚风情的，也无论是米色、浅褐色、藏青色，还是面料不再局限于卡其布的风衣，如今已经把握住了时下社会风潮，给予了女性穿着上的自信。

风衣最能表达你率真的本性。蓬松的长发、干净的裸妆以及新鲜的红唇都会给你大大加分。

过膝长靴、宽边眼镜、大大的休闲背包，绝对是风衣的点睛之笔。

坚定的自信心，执着的眼神，高昂的姿态，风衣的时髦感，不仅在于风衣本身，还在于你穿着它时那种满不在乎的随性态度。

我这样爱美，这样地爱深秋长空下风衣飘飘的画面。我们总要使自己都觉得喜欢，才可能养外人的眼。

珍珠——怀旧或者向往

这是一个边缘有些模糊的故事，底子也是暧昧的。

不知道从什么时候开始，平凡的她爱上了一份温暖，用自己的全身心投入到他的怀抱。怎么说呢？虽然那么久的不见天日，她还是愿意这样一生相守，不离不弃。这种感情，太闹心了。

他们磨合，不断磨合。起初总是不停地相互伤害，不断缠绵，不断疼痛。终于有一天，他们发现从前种种已不再那么疼、那么苦。

三言两语，很难讲清他们之间那些过往。

很久很久以后，他将心房敞开，同时发现她从前是一粒小小的平凡沙砾，在磨难与阵痛过后，成了一颗璀璨的明珠。

她有着极具炫惑力的外表，温柔，华丽，灵秀。躺在他的怀抱里，即岁月静好，现世安稳。

多美的爱情结局。

这些美丽的爱情，都是女子向往的。那些曲曲折折的痛苦经历，算得了什么?

端坐在我对面正在喝茶的老妇人，穿着体面的真丝绒裙装。裙子是紫罗兰的颜色，更衬出她银丝胜雪。这样美，美得不可方物。谁说只有青春无敌?阳光透过窗户，洒在她身上，以及她身后的那株有着肥厚叶片的玉树上，茶水有袅袅的热气在轻轻升腾。

那么静，静得如同一幅画。

深色红漆的小圆桌，亮而滑，这样的古色古香，很有味。

我真想象不出，该用什么词汇去形容我眼前的这位女性。她戴着一串珍珠项链，粒粒光洁饱满。她也像那串珍珠，极善极美，雍容华贵到了极致。

我对珍珠的喜爱程度，总是要比其他珠宝更浓烈些。

因为敬畏它形成的过程。

因为深爱它的圆润畅达。

更因为，那珍珠串成的项链，有着另一种符号意义。

英国前首相玛格丽特·撒切尔夫人，特别喜爱珍珠。她认为珍珠是使女人仪态优美的珍品，她说：“我总佩戴珍珠耳环，当你穿上一件平淡无奇的外套时，若能再佩上一些珍珠，就显得气度不凡。”

“每个女人一定要拥有一条珍珠项链，不论是自己买的，或者是别人送的，又或者是妈妈传下来的，总之拥有一条珍珠项链是一件幸福又美丽的事情。”

拥有珍珠项链的女人很多，能够戴出风采的，却不是很多。

优雅的珍珠项链，也要有优雅的气质来衬，方显出其散出的魅力。

我也送给妈妈一串珍珠项链，母亲戴着它洗衣，出入于厨房和社交场所，极少拿下来。

母亲没有修长的脖子，但岁月给她身上刻上了一种沉稳的气质。珍珠项链在母亲穿着居家服或者正装的时候，透出要么温暖、要么典雅的气质。

我自己却是不戴的。

太浮太燥的人，不适合让优雅的珍珠项链来搅局，反而让珍珠失去了它原本的意韵。

电影版《欲望都市》中 Carrie Bradshaw 选择了 MIKIMOTO 的长串珍珠作为其新标志。片中，由 Sarah 饰演的 Carrie Bradshaw 无论是在宣布与“Mr. Big”订婚的欢欣瞬间，抑或是在纽约肆意购物的潇洒一刻，甚至与未婚夫共度浪漫夜晚的温馨片刻……优雅的长串珍珠项链总是相伴左右，记录着生活中的点滴片断与感悟。

静静地坐在电脑前，Carrie 沉醉在爱的思绪中，纤指捻转着珠链，仿佛它是亲密无间的闺中密友，分享她的心事。

那是可纪念、可在心头系出千千结的珍珠项链呀！

我喜欢用手一粒一粒地抚摩项链上的珍珠，乱的心，也随之渐渐静了，浮躁的情绪也渐渐平息了。起身，喂一喂水族箱里的金色团头鲤，浇一浇新移的富贵竹。淡定得像珍珠一样才好。

这是那串项链不动声色的提醒。

再闲，就盘着腿坐在沙发上，捧一本书，闲闲地看。这样的生活，很闲适，很江南。不过是用一种欢喜的心情，营造一个自己喜欢的小生活。

朋友说，珍珠项链好是好，但到底缺乏个性。

不，我不承认，并立即反驳：香奈儿女士佩戴着俄国贵族情人 Pavlovich 赠送的珍珠，出现在某时尚杂志，被推崇为“创了当今最重要、最昂贵的简约风格”。

香奈儿曾娇嗔地用她最喜欢的珍珠项链，抚擦过情人的嘴唇，当做调情的回赠。而即使拥有数量众多、价值不菲的珍贵珠宝，真正能掳获香奈儿芳心的，依然是珍珠。

个性，是有勇气去恪守。

不论珍珠被现代人如何设计，加入各种前卫或个性的元素，它与生俱来独特散发的优雅之美却无法被遮掩。

如今，珍珠已不仅仅是皇室的专属物，它在市场上的“光芒”，让现代女性也开始为珍珠的美而争相购买。经典的短款项链，休闲的长款项链，华贵的双排和多排项链，混彩、混搭设计的项链，等等，多元的款式设计满足了现代女性对于珍珠的各样幻想。

或许，女性极致的魅力，恰恰是因为有了珍珠才能缔造出来。

而如今，我已不再惧怕戴珍珠项链。懂得审美的女人，总会考虑自己的服饰、肤色与体型，选最适合自己的一种搭配方法。

怀旧或者向往，珍珠项链总是不可缺席的那个元素，串联着一个女人的曾经与未来。

项链——颈间的绵绵牵挂

七夕那日，捧着花束的男人或者女子，都是很幸福的。巧克力卖得也热闹。哎，那是天上牛郎与织女相会的日子，你们凑什么热闹呢?

凤蝶收到她先生通过快递送到单位的一大捧玫瑰。蓝色妖姬，朵朵蓝玫瑰，上面还洒着金粉，在华丽的包装纸里，每一朵都格外妖艳，像示威，又像是提醒。

她的嘴角，露出丝丝笑意。掩都掩不住，忍都忍不了。每逢抬头见花，仿佛见她先生那赤子之心在花心里闪耀一般。

羡慕嫉妒失落。我的内心有波澜。

电话响起的时候，正是下班回家的路上：“亲爱的，我在老庙金店等你。快来，我看中一款项链，你来试试。”

先生的话，将我心头积聚了一天的阴云都驱散了。

很多女人都喜欢戴项链。我也不例外。

项链有了银的，还要有铂金的，还要有珍珠的。每种项链，总要搭配不同的衣服才好看。

一个女人，爱一个人，或者被一个人爱，才能让一种金属变软变弯曲，一环一环紧扣在脖子上。

说这句话的人，大抵是明白有了爱，项链才有了意义。

没想到，那天的金店里有那么多人在选项链、选戒指。

以前，我会理直气壮地对先生说，买这些首饰，不用你插手。

我脑海里固执地浮现出电影里经常出现的情景：在替女人整理被风吹乱的发丝时，即将远行的男人顺势正了正女人的项链，并把上面悬着的那个饰坠塞进她的领口，让女人掉进离别的深渊……

别有意味，意味深长的小举动，不过是给女人传递一个信息：男人能用项链套牢女人，女人再用它来套牢自己。

我所遇见的每一个女人，从来都不会因挂在颈下的这点重量弯下腰肢，反而会因吊着这串累赘而挺直自己的胸膛。

那是幸福的证明，是男人爱的体现。

我不要戴男人买的手链、项链，个性使然。我说，我不要被你牵着鼻子走，所以，我要自己买。

我拥有纪梵希都市奢华女人宝石项链，非常精致的闪耀珍珠水钻Y型复古气质女人项链。当然，是自己掏银子买的。也有水晶项链。每款项链背后都有它的故事。

那是在一个秋日的下午，我与凤蝶一起逛各种商场，逛到一个玉器行里，摆设着许多玉镯、玉把件、玉挂坠。

我牵了牵凤蝶的手，我们去请老板鉴定一下我脖子上的这块玉，是不是纯正的和田玉。

老板是一个年过半百的男子，他拧亮了灯，将玉置在那束灯下观看，又点点头，还给我，说，挺好的一块玉，要好好体贴。

此时，在柜台的一组侧柜中，几枚戒指和一串项链清静孤寂地摆在丝绒盒子里。那是一款造型妖艳的山茶花式吊坠项链，是18K金的，我一下子就喜欢上了。

这是一款能显示出女人的气质，精致低调又雅致的项链。

问价格，也不贵。老板解释说，以前他是出售金银饰品的，后来转了做玉的行当，所以，那些旧物就折价卖了。

美美地戴着，配着夏日的长裙，颈间盛开的花朵，充满诗意画意。

还有一款复古的奥地利进口幸运水晶项链，是我的朋友静在外地旅游时买的，送给我。她说，配戴水晶项链，预示着拥有这款项链的人将会因水晶而有一帆风顺的好运。她自己戴的是一款经典民族风的荷花陶瓷女式项链，在深色毛衣外兀自闪光，要多优雅有多优雅。

婚姻原本是两情相悦走入圣殿的结果，如今，先生送我项链，在七夕这天，他什么也没说，我也什么都没有问。我心里却明白，他送我项链，是要与我相恋（项链）到底。

执子之手，与子偕老。在那条环环相扣的铂金链子下面，拴着我们对婚姻日久弥坚的信念。

此时，项链在颈上点点闪光，如同他淡然温暖的笑容，仿佛他的心跳，在离我最近的地方。

或许爱情也需要一种饰物的体贴和爱抚，让戴着它的女子，沿着那串闪闪发光的链子，一寸一寸坠入无边无际的幸福。

卡包——当卡回到家

还有什么比钱值钱？金子可以换成钱，钻石、玉器、楼房，一切的一切，似乎钱可以买到的东西，就有价值。有价值的东西，往往因为可见可量可估，所以就不那么让人担心会得不到。

有比钱值钱的东西呢，比如健康，比如爱，比如感情，比如尊重，比如善的力量，还有许多许多。

记得很久以前读过一本《百万英镑》，拿着巨额的钱，从一个穷光蛋到一个有身价的人，仅仅是一张钞票，就带来地位的转变、别人对他态度的转变。

小孩子也知道钱的好处。从开始收集硬币到过年的红包，从存钱再到花钱，渐渐地，都知道了钱的好处。

没有钱怎么行呢？

我在稻草人专卖店里看到各种皮制的手提包，女用坤包、钱包、皮带以及那种像书页一样的包。

“那是什么包，用来做什么？”

“卡包呀！”售货员并不惊讶，并极力推销，“现在您的卡多了，这样一页一页地用来放卡正好，方便着呢。”

不知道从什么时候开始，钱包总要买层数多的，并且还要夹层多的。不仅是用来放钱，还要用来放卡。

真的，有许多卡总没地方塞，总在头疼，如何是好？一不小心，就弄丢了。譬如各种 IC 卡、银行卡、超市卡、购物卡、会员卡、医疗卡……

如此多的卡不易存放，总会出现混乱。通常在付钱时，为找一张卡而焦虑，甚至要回忆许久不用的那张卡到底收到什么地方了。

有这样一个卡包，真是太好了。没有犹豫，我打算买下一个。一种是翻页式，就像书页一样，另一种是旋转式。但我更喜欢像翻书一样翻卡包里的各种卡。

将各种卡一张一张地放进那散发着皮革气味的卡包时，时光开始倒带，光阴叠加，岁月深处的一些东西，渐渐地浮上心头。

有一张是孩子定点游乐园的游园卡。每次带他去玩，时间都记在上面。还有一张是孩子刚出生时办的游泳卡。“聪明谷”是一个专门为婴儿洗澡的浴室，从初生的最初两年时间，这张卡记载着那些往事，也常像影片一样，将那些旧日镜头纷纷回放。

藏御足疗馆的 VIP 卡，是表面烫金的超薄金属卡，没有磁条，却有藏族特色的红色经幡以及藏文镀在表面。凭着这张卡，消费可以打五折。

那些夜幕降临，与爱人一同去享受足部按摩的小时光，也常常如影随形。

还有支付宝，银行卡、美容卡、购物卡。

网购起来很方便，足不出户，那些看不见的数字在流动，从我的卡流到别人的卡上。然后，那些衣裳由不同的快递，走远远的路，经过不同的城市，到我家落户。

手里的现金越来越少。有了卡，卡还有密匙，比现金安全。

谁曾想，现在可以花看不见的钱，享受看得见的物质生活。切身体验，数字时代，数字生活，连上班发工资都不见钞票只见卡。

付出的劳动，有卡为证，有卡里的数字为证。

当卡回家，我发现，所有的家当，一个卡包足可容下！

口红——樱唇欲吻

烟熏妆过去了，波波头也不再流行了，还有喇叭裤。

天呀，那都是什么时代的潮流？流行的东西总是来了又走，走了又来，反反复复，像小孩子善变的脸一样。

总有一种东西从来没有离开过时尚，也从未离开过女人。

旧式的新娘，嫁前浓妆，手里还捏着红纸片，嘴唇轻轻一抿。那一抿之下，妖艳的红唇使整张脸都生动起来。

喜气洋洋的不仅是红色的喜服，还有这红唇营造的欲望。

虽然大多数女人似乎对美总缺乏定性，但是唯有唇膏，自它诞生以来，就从没失宠过。

张爱玲从小就渴望一双高跟鞋，一管唇膏。美，对女人来说，一种在姿态上，一种体现在风情里。

小说里总会这样形容绝色佳人：唇似樱桃，面如桃花。那樱桃的红，那桃花的粉，都是颜色。

好“色”是女人的天性。

连一管小小的口红，都要幻生出无数种色彩，用来搭配你的服装、你的肤色。

玫红、粉红、橘红、银白，不同的人用不同的色彩，显出不同的气质。

或青春，或明艳，或前卫。

而成熟的女人，更多会使用纯正的红：褚红、肉红、暗红，很低调的，聊胜于无。

那种不张扬，而又不失色的唇语，宣布着一种人生的态度。

也见过最艳的鲜红和紫红，火爆视人。那是夜晚的DISCO场所，锦衣夜行，改头换面，从淑女到媚娘，灯光、心情，还有音乐。

不同的场所，总会有不同的色彩，透过樱语悄悄透露着女子心底的信息。

总有一幕，挥之不去。

那是一个女孩子在照毕业照的时候。她穿着白色的校服，打着小领花，着藏青色裙子，马尾辫子随着走路的脚步，在身后一甩一甩的。

该你照相了。技师冲着她挥挥手。

女孩子就这样走到镜头前。她对着镜头，突然像想起什么似的，连忙喊，请等一等。

然后，她轻轻用洁白的牙齿将上唇和下唇都咬了一遍，然后使劲地抿了抿，才冲着镜头灿然一笑。

那透着红印子的唇，总是在我眼前浮现，那样羞涩的笑，笑得像一朵怯怯的小花。

那张照片上的女孩子，透着傻傻的天真，咧着柔嫩的唇。那是一张记录着青春记忆的照片，那青春就在紧咬住唇，又使劲抿了抿的小动作上。当年的那个女孩子是我。

总盼望长大，盼望能像画册中的女子一样，色彩是明快的、热烈的、奔放的，粉红、大红、橘红、玫瑰红，装点的双唇如一朵娇媚的花，韵味十足。

那种出挑的女子，总会用明亮的色彩，吸引住你的目光。

但那明艳的女子，总活得优雅呢。举手投足间，言语谈吐上，都是细致从容的，那回眸的一笑，或者低眉婉转的样子，也绝不是粗糙敷衍的。

人生处处好风光，保持本色也是一种自信。

寻常日子，我还是喜欢素面朝天，皮肤有些黄，嘴唇的色彩却是偏白，淹没在人群中，你不仔细寻找，一定看不到，但我喜欢这样本色的人生。即使如此，也不忘记给自己备一款口红。

一位在化妆品专柜工作的女孩子对我介绍口红时，总不忘记对照每个人的特征去一一解说。

安静乖巧的女子，可以用桃红、粉红、橘红；神秘高贵的女子用玫瑰红、紫色；前卫的用金属色、金色；叛逆的女子用黑色、白色；另类的用蓝色，不同的色彩涂在唇上，会有不同的心理暗示，发现不曾注视过自己的另一面，变成另一个人，释放出不同的魅力。

英雄亮剑，美人亮唇。即便只是一个姿色平庸的女人，只要懂得装扮自己，也会让她春色连天。当一抹红，印上唇间，嘴角轻扬，如美丽的花苞展开花瓣，风情无边。

高跟鞋——每个女人都有做美人鱼的信念

传说中的美人鱼为了爱情，将鱼尾变成了双腿，每走一步，都钻心的疼痛，但她的脚步轻盈，舞姿曼妙无边。

回头看身边的女子，为了挺拔的体态，为了自然的挺胸翘臀，忍受着8cm、10cm高跟鞋的酷刑，迈着优雅的步伐，走在街边、路口，风采无限。

高跟鞋与性感有关吗？被誉为“高跟鞋之帝”的Manolo Blahnik会斩钉截铁地告诉你：“当然！”高跟鞋的意大利文是Stiletto，即一种刀刃很窄细的匕首。对女人来说，高跟鞋就像一把尖锐、性感、致命的匕首，让女人征服男人。

古代的中国高跟鞋从缠足开始，体现当时强势的男权主义。当男人看到裹小脚女人走路摇摇欲坠，甚至需要被搀扶，也就满足了男人想要约束女人行动的占有欲。

我第一次穿高跟鞋的感受依旧记忆犹新。

那是一个天色尚且还清爽的初夏，妈妈给我零花钱，本是为了买一些学习上的用具，可是到了商场里，不期然与高跟鞋相遇。

目光透过玻璃柜台，看着一双双3cm、5cm高的鞋，在射灯的照耀下，静默无声，却优雅无比。

再也忍不住心头的好奇，再也无法控制住那份女生天生对高跟鞋的情愫。

手伸向营业员，钱在手里攥得滚热，但还是忍不住用另一只手指着那双镶着银色亮片的高跟鞋：对，就这双，银色的这双。

这是一款OL必备的时尚美鞋，优雅的杏色搭配安稳的粗跟，整体呈现出一种高雅别致的知性美。侧拉链的设计，便捷灵活，方便穿脱的同时，又起到了修饰的作用。采用温润光滑的牛皮面料，给双脚最华美的舒适体验。

然后，就这样穿着走在街上，从来没有想过，一双鞋能够让一个女孩子如此款款生姿。

湖蓝色的连衣裙在风中轻摆，脚下笨重的圆头鞋没有了。彼时，双脚脱离亲爱的大地，全身心地感受着 5cm 以上的温度。腿却忍不住开始略微有一些颤抖，兴奋胜过了紧张。

摇摇摆摆，在摸索着平衡规律的过程中，这样越走越远。

如今，蓦然回首，原来高跟鞋已经陪我度过了无数个春秋。

多像那个跳着舞的美人鱼，为了那份美丽，忍受着许多不便，甚至痛苦。在追求美的过程中，所有的痛似乎都显得微不足道，注意力全集中在脚上的大好风景里。

无论是红透全球摩天高跟鞋，还是 MarcJacobs 心形高跟鞋、Givenchy 蕾丝高跟鞋、Chloé 黑色绑带高跟鞋，各种各样的款式，各种各样的颜色，穿在一双双纤细的脚上，千姿百态。

每每立在鞋柜前左顾右盼，我便心下生叹：维多利亚有鲜红高跟鞋，格温妮丝·帕特洛有彩色高跟鞋，章子怡有黑色高雅鱼嘴鞋，希尔顿有红底高跟鞋，林赛罗韩有修长高筒靴……

高跟鞋呀，无论是大牌明星，还是平民百姓，哪一位能逃脱你的诱惑?

如今，我已拥有了各种不同颜色、不同款式、不同高度的鞋子。参加聚会、晚宴，必然会脱下平底鞋，换上高跟鞋。

大抵，平底鞋虽然舒服自在，适合闲居或者野游、远途，但女人偏偏爱穿不太舒服的高跟鞋。在嗒嗒嗒的脚步声中，把美丽越来越娴熟地把玩于足下，乐在其中。

比起憨憨笨笨的运动鞋、休闲鞋来，高跟鞋无疑是鞋中的美女，从鞋面到鞋跟，设计抢眼的配色和精细的做工，都勾起女人天生的恋物欲。现在喜欢收藏鞋子的女人越来越多，看看她们的藏品吧，80% 都是高跟鞋!

秀秀可爱的脚趾，脚趾也是表现性感的好部位。夏天很多女孩子喜欢涂趾甲油，穿露出脚趾的细带高跟凉鞋，更能强调女人的性感了。

女人爱上高跟鞋，是受 T 台上那些模特的诱惑，亦或自己也似乎就是那其中的一员。于是，或时髦或复古，或张扬或优雅的高跟鞋，让女人迫不及待想要搜罗回家。

现在的高跟鞋越来越趋向于舒适与美并存。

平稳舒适的坡跟厚底鞋，可以瞬间提升你的身高，塑造出优雅高挑的完美身姿。而且，绝对不会有磕脚、崴脚的情况发生。

还有，粗跟厚底防水台的高跟鞋。隐形的防水台可以在无形之中增长你的身高，与 12cm 的粗高跟搭配，虽没有坡跟鞋接触地面的面积大，但是鞋跟与脚掌处呈现的 45° 角，依然可以给你安稳和舒适的感觉。

对女人来说，宁可不买化妆品，也不能不买高跟鞋。

高跟鞋的历史最早可以追溯到 15 世纪法国宫廷，是一位服装师的伟大发明。高跟鞋最初的出现，是为了方便人们在骑马时双脚能够扣紧马镫，直到 16 世纪末高跟鞋才成为贵族的时尚玩意。

据说身材矮小的路易十四为了令自己看来更高大、更威武、更具自信和更具权威，于是就让鞋匠为他的鞋装上了 4 英寸高的鞋跟，并把跟部漆成红色以示其尊贵身份。

我依旧喜欢那种四方形的粗高跟，适中的高度，舒适稳妥，走起路来也不会有过分的声音。而且鞋底整体采用了防滑的牛筋面料，精致的波浪花纹刚好衬托着鞋面上的亮钻，迎合着金属圈环绕的蝴蝶结，散发出璀璨耀眼的光芒。

春天来临，温度上升，刚好酝酿出含蓄的复古风。高雅神秘的黑、醇美恬静的蓝以及温婉知性的米色，拿出任何一款做搭配，都能有效地提亮整体。个性时髦的马蹄跟搭配丁字扣带，如此雅致的设计，彰显女性独有的时尚品位。

真正爱穿高跟鞋的女人根本无所谓这些说法，因为她们对地理或者物理概念不关心，她们只要自己美丽清新就足够了。

女人对高跟鞋的爱恋，似乎是一件从来没想过原因的事儿。

其实，女人可以找出一万个爱恋高跟鞋的理由，但是，一万个理由其实也不过是一个理由——高跟鞋让女人更有女人味儿！

妆容——美女当“妆”

轻轻翻开《瑞丽》杂志，扑面而来的是那些充满诱惑的脸，怎一个“美”字了得。那些明星们，她们真美。

心里又小小地腹诽一下，她们敢于直面素颜的自己吗？

网络上爆料那些明星妆前妆后的对比照，印象颇深的是蕾妮·齐薇格——妆前怎一个“惨”字了得呀！

但，看看她妆后的脸，瞬间紧致无瑕的皮肤，还有媚惑红唇交相辉印，她真是非常上相，妆后效果十分美妙。不得不说，她的确是美得很养眼。

我也喜欢在一些公共场合化一点淡妆，脸上的灰暗气色随之而去。一个明眸皓齿、顾盼生辉的样子，自己照着镜子也觉喜欢。

你知道，一个女人先是要爱上镜子前的自己，然后才能在有滋有味的生活中充满自信地快乐走下去。

每个女人的梳妆柜前，都不会少了些化妆品，粉底、唇彩、口红以及各种补水、紧致皮肤的瓶瓶罐罐。如果没有爱美的女人，哪有这些化妆品的畅销呢?

生活中，我大抵都是以清淡自然为主。淡妆是清雅的闺阁之秀，水墨丹青，一点点染晕。

而有些女孩子，有浓烈的彩妆，热烈奔放，脸上好像开了一个颜色聚会一样。立体的五官，搭配眼影、睫毛膏、定妆粉、粉底液，给皮肤穿上一层层的衣服。看来面子工程，也要从基础做起。

皮肤的底子要好。首先你必须懂得一些养生的小常识，还得将心中的一点点喜悦、一些些自信，甚至一场惊天动地的恋爱，都表现出来。爱的妆容，适合各种场合的妆容，绝不是单一不变的颜色。

时尚造型，有的以味觉来感染视觉。有如“春日 Love 下午茶”，如果把恋爱当成一顿春日下午茶，你愿意是哪一道可口的甜点呢?

最近，网络爆料“台女孩仿唐朝仕女妆走红”。许多女性喜欢上网分享美妆技巧及妆后照片，有人突发奇想，模仿古代女性妆容，一步步解构如何画出“唐朝仕女仿妆”。

文章发表后爆红，仅约 10 天就吸引逾 11 万人次浏览，并引网友争相转载讨论。因仿妆相似度极高，网友大赞“太厉害了”“好像是从画里面走出来的”“生在唐代一定是宠妃”。

会“妆”的女子，总得命运垂青。

想那个面上有斑痕的贵妇，以“面靥”掩饰，众人觉其妍丽，便竞而效之，遂成一时风气。唐代刘恂《岭表录异》卷中:“鹤子草，蔓生也。其花麴尘，色浅紫，蒂叶如柳而短。当夏开花，又呼为绿花绿叶。南人云是媚草，采之曝乾，以代面靥。”

至于唐代流行诸如“梅花妆”“红妆”“佛妆”“晓霞妆”之类，也不过就是如今天的女子一样，将脸当成一片画布，敷铅粉，抹胭脂，画黛眉，贴花钿，贴面靥，描斜红，涂唇脂。至于那个名震古今的花木兰，退伍回家，也是对镜贴花黄，当户理红妆。

唐朝化妆步骤与现代差别不大，称呼不同而已。如上粉底称上铅粉，画眉毛是画黛眉，擦口红是上唇脂。特别的是唐朝女性会在眉心、太阳穴与嘴角画动物、植物，称为花钿，若以金箔制成则称金钿。

史书记载，杨贵妃喜欢上很白的粉底，再擦上很深的腮红，红到连擦汗的手帕也染红，因而蔚为流行，当时女性竞相模仿。

日本人气“泪袋妆”大张旗鼓地宣传着“美妆小物轻松制造桃花卧”“一招打造冰淇淋美妆”“轻熟女回春变芭比”。

所有的妆容，如自己所愿，一点点勾勒过后的脸，将是别人眼中的俏佳人。

不论清新装扮还是浓彩重墨，时尚的女孩无论什么时候都是傲娇的样子!

Lady Gaga 领衔戛纳扮丑，“随变小姐”走红网络。强大化妆术瞬间变身，大女人玩转调色盘，夏日鲜亮“妆”起来，汤唯演绎 AB 双面娇娃“雀斑”妆更是艳绝戛纳。

拥有那些暧昧的、清新的、甜美的、慵懒的、野性的、知性的妆容时，你可以是百变女郎。

淡妆浓抹总相宜，美女当“妆”，Let's go !

玉器——美玉如斯

我曾经不喜欢戒指、项链之类的首饰，是缘于那戒指、项链的传说：为了套牢一个人，使之终身为役，失去自由，附属于他人。

但，不喜欢是过去的心绪，当爱情来临的时候，伸长脖子，伸直手指，就希望对方将自己套得牢一些，再牢一些。

当然，如果在经济条件允许的情况下，那个用来套牢终身的珠宝可以名贵一些，再名贵一些。

虽然这些贵重的珠宝首饰，诸如项链、戒指不能与感情相提并论，但往往，舍得为对方花巨资买定情信物，舍得在爱人身上投资珠宝，其诚显见。哪怕那些爱是彼时的，却没有假过。

我爹娘那一代，还苦得很。爹是农民的儿子，没有足够的钱买金银首饰，爹对娘的歉疚写在行动中。他宁愿骑着自行车在风霜雪雨的天气里来来回回走十几里寂寞的长路，从单位到家，再从家到单位，也绝不会买一张月票乘坐公车，就是为了省点钱。

那些钱，就会为我们瘦瘪的肚子里添几星油水，寡味的嘴里多享用几种水果，也会为娘新扯上几尺花布。钱是纸，当这些纸派上用场，就有了实际的价值。

当然，爹在每一次心满意足地看着孩子们咂吧着嘴，眼睛里都是油亮亮的大肥肉时，笑得很爽朗。

在一个月明星稀的夜晚，爹一路风尘回家。这个月底，是爹领工资回家的日子，他没有像往常一样，提着一片猪白条老远就扬着手，示威似的高喊：“孩子们，有好吃的喽。”

他空落落的手，让我们刚燃起火星子的眼睛迅速暗淡下去。但随即，又使母亲的脸瞬间红灿灿的，红得像新娘的盖头。

那是因为，爹像魔术师一般，从怀里掏出一块红丝绸。

爹歉意地朝我们这些头发发黄、面色发菜的孩子们笑了笑，却又自豪地将脸转向我娘。

绸布就那样无声地散开，向手掌下方滑去。如火的红绸中，一个绿油油的玉镯子静若处子，呈献在我娘眼前。

“这是给你的，戴给我瞧瞧。孩子都这么大了，才给你买一个镯子戴，以后等咱们有了钱，给你穿金戴银，让你披红挂彩，身穿绫罗绸缎，比地主婆还富态。”

“呸！又来哄我了不是？”娘说着，眼睛却不肯再移开。

“你哪来的钱买这镯子？每个月就那么点钱，花完了，喝西北风去？”娘嗔怪。

“嘿，那个刘老太啊，以前你不是经常给她送饺子，给她家担水，替她家贴春联，过年也不忘记让咱们的孩子去拜年？这不，她今天托人来找我，把这镯子送给我。

“不过，她说，她的儿子要从外地回来，要把她接走了。她总想留个什么给咱们做个纪念。我怎么也不要，老人家还是不同意，最后硬塞给我。我没办法，只好把这个月领的工资塞给了她。嘿嘿，那时钱在我俩双手里被推来推去，弄得像打架一样，老人家怎么也不要呢。我只好说，不要就不拿这镯子，老人家才收下钱。

“我估摸着，这镯子值不少钱，哪能白拿人家东西呢。这些年，我也没给你买过什么，这就算我买给你的礼物吧，也领了老人家一份心意，也还了我多年的一份心愿呀。”

娘没说话，喜滋滋地把那镯子往手脖子上套。

“唉！还挺紧的哟，都戴不进去。”

“拿肥皂把手打滑了，就好戴了。”爹很精通地说。

在我的眼睛里，这镯子实在可恶，不是棉花糖，没有甜味；不是大肥肉，没有香味；不是红苹果，不能吃得心里嘴里都香喷喷的。

我憎恶这个镯子，让我口舌无味，又得啃那玉米馍，又得喝那白水粥，还得就着那小咸菜，没完没了地吃。

都是这个镯子惹的祸。

但娘的笑都在脸上。她歉意地望着我，但脸上分明没有悔意，所以那些愧疚就不明显，反而像是一种宣扬：瞧，我的镯子多好看。

这只是我当时的想象。

其实娘是悄悄地将手镯戴在手脖子上，又把衣袖子往下顺了顺，盖住了手脖子。好像这样，镯子就不会碰坏，不会受凉，不会受伤，她这才放心。

那时，那个玉镯子就像我眼中钉肉中刺似的，一见着，就觉其面目可憎。

但娘就那么喜滋滋地戴上了，从此不离身。

后来，日子真是越来越好过了，娘逐渐拥有了金手镯、金项链、金耳环，可以把自己往地主婆的模样去打扮了。

但娘没有，她依旧衣着朴素，依旧任劳任怨，勤俭持家。

爹买了那么多金银首饰，娘只戴一个，就是那玉镯子。

玉镯子戴了几十年，像娘身体的一个部分，长在娘身上似的。玉镯子越来越绿，越来越油亮，越来越有光泽。

而我，也长大了。对玉，终于有了新的认识。

玉如人品，是坚贞，是勇敢，是洁白，是纯净。白玉无瑕，娘拥有这镯子，大抵是善有善报的结果。这玉镯与娘有缘，所以才会那么体己，那么温润。

一日，我与先生看《每日鉴宝》节目。一位窈窕的女子拿出一个玉坠子请专家鉴定。女子说，此玉坠是男朋友送的，是定情信物。她某次与懂玉的朋友一起用餐时，朋友说，80 万卖我吧。

女子惊讶。据说此玉无价，她心里也没个底，不知这定情信物是否如朋友所说那么值钱，所以请专家鉴定一下，到底价值几何。

专家看过，肯定地说，你的男朋友对你真不错，这个吊坠应该是从宫里传出来的，其价值不低于 300 万。女孩一脸幸福地离开。

彼时，我的脑海里会有那样一个慢镜头：男子轻轻将玉坠子戴在女子香颈上，甜蜜地说，这辈子他的母亲没有什么财产留给他，只留给他这个给予了她大半辈子灵气的玉坠，让他将此送给最爱的女子。母亲是要让它变成传家之宝。

我感叹，爱原来是有物可证的，情也是有物可托的。这样的定情信物，在这样一对普通的年轻男女身上发生，多像一个神话。

但愿这个神话有美好的结局，不知男子知道自己送的玉坠值300万，会反悔，还是无悔。

先生笑："这个女子，是一定要被男朋友讨回家了，肥水哪能流到外人田去？送出去的东西收不回，干脆连人带玉都收了，也好让那女子去替他保管那300万呀。"

"去你的现实，真阴暗！"我一记重拳，打得他抱头鼠窜。

我立刻想起娘的玉镯，那也是一个绿得如一汪潭水的玉镯，没准也价值连城。急忙打电话给娘："娘，您的玉镯还戴着吗？要不要什么时候也拿去鉴定一下？"

娘在电话那头笑了："这孩子，怎么忽然想起这事儿了？那镯子早没了。"

"啊？"我失口叫出声来。

"它还救了我一条命呢。"娘接着说。

原来，娘与爹去黄山旅游时，由于山势陡峭，娘在爬山时，不小心从台阶上滑下去，都以为会摔成骨折呢。但娘起来后，什么事也没有，照常能活动筋骨。

爹跟娘还说："奇怪了，好像有神仙保佑似的。"

后来，回到宾馆才发现，娘戴在手腕上的玉镯没了，看来是摔倒在台阶时弄断了。"玉虽没了，人却没事。这玉，是有灵性的，救了娘一命呢。"

这是娘的原话。

我的玉镯子，是先生去云南丽江时购得。或许，那关于母亲的玉镯故事让他心生感慨。

先生将一方精致的盒子送到我手中时，我并不惊喜。

手腕上戴过水晶手链、金手链、银手镯，都不过是闲时把玩，无常情，倒常觉得戴着这些东西有些碍事。

但当我打开盒子一看，是一个盈润透亮的玉镯，珠宝鉴定书也附在盒中，顿时眉眼间喜悦毕现。

先生说："玉养人，人养玉，戴着保平安，不要再脱下。古人谆谆告诫，君子无故，玉不去身。"

我哪有空理他的话，只顾着将玉镯使劲往手腕上套。

当然，也与当年母亲一样，镯子有点儿紧，不那么容易套入。但已得经验，将手浸入在肥皂水中，轻松将镯子滑入腕间。

对于"君子无故，玉不去身"，我的理解很简单，那应该就是，如果没有什么特别的原因，玉就不要轻易离开自己的身体。

闲来无事时，我总喜欢用手轻轻转动着玉镯，细细地感受着它那独特的灵气所带来的一种难以言语的喜瑞和祥和，也常喜欢对着光线静静看着玉中的玉絮，任思绪飘飞。

午后的阳光下，玉与戴玉的人，静成一幅油画，真正感受着一份岁月静好的安逸与雅致。

很久以后，我才理解"君子无故，玉不去身"的另一层含义：作为谦谦君子，如没有特殊原因，身上应该随时佩戴一块玉。

实际上，这是在提醒世人，牢记玉的品德，那就是"仁、义、智、勇、洁"。

美玉如斯，"言念君子，温其如玉"，是教佩玉者也拥有如玉的品格，坚守做人的基本准则。

一年多过去，玉镯整日贴着我的肌肤，我深切感受到玉的那种柔润细腻的质感，在时间的浸润里，玉一天天愈发通透与光洁。

我知道那玉正在手腕间越发鲜活，那一脉温柔宁静的淡绿，如梦境里云雾萦绕的一泓湖水、一痕碧色，是春天最初的色泽。

玉的温润莹洁、玉的含蓄细致，那种静静栖于一处不事张扬的内敛，那种蕴含在极深处的世事沧桑，成就了它的气质，使之随着时间的推移越发美丽。

婚姻，亦如玉。华美浪漫，需经打磨才越发和谐温润，越发通透美好，越发大气宽容，于是就有了独一无二的质地与纹理。

玉不琢不成器，婚姻不琢不磨，亦不会返璞归真，所有的亲、情、义，淡淡的，静静的，却入木三分，渗入骨血。

美玉如斯，我的手腕，从此只有玉镯，再无其他。

真正爱一件珠宝、一块美玉，如同爱一个人，爱到底，不离不弃，终生不渝!

内衣——贴身那段暖

都说女儿是父母贴身的小棉袄。我说，那是心贴心的爱呀，天底下，最爱、最暖、最贴心的，无外乎父母与女儿之间那种来自血缘的亲。

一次在外地学习，一位来自宁夏的朋友唱起了山歌，歌词的大意是，男人是又硬又厚的袄子，女人是袄子里那层细细的绒子。

唱山歌的女子声音清亮，眼前仿佛天苍苍野茫茫，粗犷的汉子扬鞭策马，女人捧起酥油茶，等待爱人的归来。

那份暖暖的情愫顿时在心头涤荡开去，久久不能散去。

看着那女子微红的脸，带着西北方风雨打磨过的坚定。她在我心里，烙上了一个深深的印。

女子这么好，哪个郎君不爱?

才艺皆全呢。

可是，她待字闺中，身段正好，穿得却普通。普通的衣服，显不出山山水水的韵致，与一旁江南的女子对比，少了几分温婉。

唉，女人，也是要有最贴身的那段暖。

谁说收拾打扮过的女孩子都青春无敌? 无敌的青春，也需要锦上添花，才会更美。

女子内在的美，会在谈吐间散发出来。口齿留香，大抵就是这样子。可是男人们，却总将目光流向旁边那精致的女子身上。

我与她正好住一个房间，目光也不断被吸引。

这是一位从外到内，无处不精致的女人。已过而立之年，却仍有着年轻的面容，挺秀的身段，瀑布一样的长发，时不时如梦一样扫着人的心。

女人总要由内而外关心自己。

在她的空间相册里，我看到不同的她。有在泰国的，有在海滨的。

有张照片，让我赞赏。长式的白底纯棉裙，外有黑条纹的长纱，是唐代女子喜穿的那种“半露胸式裙装”。

那长裙高束在胸际，而胸下部系一阔带，娇小的身材显得修长，内衣若隐若现，外披透明罗纱，举止间，飘逸无限。

美妞看我啧啧赞叹，不由笑着教育我道，做女人，贴身的东西一定要舒适，要地道地呵护自己。

早就明了，对于女性来说，塑身的内衣是需要讲究的。

不仅面料考究，色彩缤纷，在现今所倡导的“内衣外穿”的时代，更要懂得借内衣营造出女性的风韵来。

过去，平常人家多用棉制品做内衣。年少发育时，穿的是娘为我做的内衣，那是母亲对吾家小女初长成时的精心呵护。

市面上有各种丝质品内衣，并在其上绣以花卉，形式不一。

甚至有复古的合欢襟。穿时由后及前，在胸前用一排扣子系合，或用绳带等系束。合欢襟的面料用织锦的居多，图案为四方连续。

无论哪个时代，女子都深谙凸显身材之道。

据说清代“抹胸”又称“肚兜”，一般做成菱形。上有带，穿时套在颈间，腰部另有两条带子束在背后，下面呈倒三角形，遮过肚脐，达到小腹。材质以棉、丝绸居多。

系束用的带子并不局限于绳，富贵之家多用金链，中等之家多用银链、铜链，小家碧玉则用红色丝绢。肚兜上有各类精美的刺绣。红色为肚兜最常见的颜色。

从古至今，贴身的不仅要暖，还要好看。于菱中遮胸，涌起千般风情，万种妩媚。

如今，内衣制造得越发精美。蕾丝、丝绸、薄纱充分运用，其塑身要求已逐渐淡化，伴随弹性织物在服装中的广泛应用，内衣变得越来越舒适易穿。

在一个天气晴和的日子，我们把会唱歌的女子细心打扮了一番：高跟鞋，细腰条，紧身内衣，修身打底衫，配以纱巾。再一看，果真是不一样了。

精致女人无不自豪地说，内衣是女人的第二皮肤，选择内衣如同选择情人，既紧贴体型，又毫无束缚，舒展自如。只有这样，女人才可以真正舒舒服服地塑造出自己的美丽来。

旗袍——女人永远的压轴大戏

《花样年华》里，一个冷香端凝的女子，从头到尾被23件花团锦簇的旗袍密密实实包裹着，却不知这也是将自己赤裸裸的秘密与深情穿在了身上。

旗袍之于女人，是衣橱里不可或缺的服饰。它总是那样盈盈满满，那样欲说还休。它总是这样让你魂牵梦绕，欲罢方休。

在喜庆的婚礼上，白色的婚纱如果是圣洁与典雅的代名词，那么艳红的旗袍，则更让新娘子喜气洋洋，美艳动人。旗袍梦，是东方女人的一个梦，也只有中国的女子，才能穿得出它的味道。

溜溜的美人肩，与旗袍的线条相衬，更显妩媚柔和。那盈盈一握的"小蛮腰"有旗袍的衬托，才显出典雅韵致。

但不是每个女人都适合穿旗袍。细长的脖子，洁白的皮肤，古典的脸型，最能将旗袍的婉约穿得恰到好处。

我也有几件旗袍。

有自己买的浅色印花棉布质地，裙摆至膝盖的那种款式。也有先生出差从丽江带回来的，黑色底子，绣着金色凤凰的真丝绸缎面料的旗袍。

捧在手里，抚摸着丝滑的新旗袍，心花怒放，好像自己也成了电影里那位美到不可方物的女子。

看着漩涡状图案、曲线滚边渐层色，心也像被这些丝滑的布料、这美丽的图案给牵进了一个古老的画面中。

在街面上，目光溜过那些或印着斗大艳丽花卉，或各种颜色交错相映，当然也有黑白反差花样，长的，短的，古典、现代的穿旗袍的女子，眼睛就跟着那些身影一溜溜到很远的地方。

是的，那些女子，就这样款款移着步子，腰肢柔软，向我走来，又从我身边走去。

那些身影，在那昏暗斑驳的场景中，亦或阳光明媚的白楼下，与四周的景物如此和谐。

有一个女友，她的衣橱里有各式各样的旗袍。

当然，对于这位旗袍控，我一直心有敬意。大抵是因为她坚持自己的风格，在着装上，在气质上，总给人一种从旧上海走来的感觉。

无所拘束，用她的话说，只要喜欢，没什么不可以。

而她对旗袍颇有心得：怎能不爱旗袍呢？这是最能体现我们女人韵味的服装呢。看似拘谨保守，其实细细瞧去，你会发现，细节里存在着精致——里子的高低、下摆的长短或开衩的多少，都有恰到好处的学问。

你瞧瞧，它总是不动声色地凸显着女人的颈围、胸围、腰围和臀围的曲线。立领对颈进行恰到好处的包裹，左大襟对胸恰如其分的遮掩，右小襟对腰机智巧妙的收护，后摆对臀体贴入微的显现，开衩对大腿若隐若现的显露。

这样的华丽，又这样的低调密实，女人内在暗蕴的性感，随着柳腰款摆，步履轻移，一点一点撩拨着人心。穿旗袍的女子，能够将旗袍穿出韵味的女子，定是男人心中的女神呢。

女友很骄傲地冲我摆了个很妩媚的动作。

其实，据历史记载，1929 年 4 月国民政府公布了《民国服制条例》。女子礼服有两款，一款是蓝上衣和黑裙，另一款是长身旗袍，旗袍正式成为国服。

1930年，旗袍开始被部分中学、大学采用为校服。从此，上至政要夫人、名门闺秀，下至女学生与家庭主妇，都把旗袍视为正装。引人瞩目的宋氏三姐妹即经常身着旗袍出现在各种公众场合，乃至国际舞台上，旗袍成了具有民族象征意义的国服。

因此，每一次穿着旗袍去参加宴会或者出门散步，都会觉得自己是从画里走出来的一样，平素再轻松的步态，都变得摇曳生姿。

穿旗袍的女子，就这样款款走来。高大的梧桐树一路延展，绿阴下是老式洋房和高大的紫藤围墙。

走在这条路上，我不禁浮想联翩，这样美丽而带有怀旧气息的马路上曾经发生过怎样的爱情故事？会不会有红遍大江南北的《上海滩》或者《烟雨濛濛》那样动人的情节？

坤包——手里有乾坤，心中有所谓

我一直奇怪，为什么女人的手提包，要说成“坤包”呢？

其实，再仔细一想，就立刻明白了，所谓“坤”，乾坤者也。而“包”则有包容天地之意也。

难怪每个女人，总喜欢随身带着坤包呢。一包之中，容纳她的天下，她的乾坤。

无论是大妈级的女人，还是萝莉型的姑娘，放眼看看，谁的手里或者肩膀上没有一个包包？

单说包包的款式，穿着不同的衣服，就必然要有不同的坤包来搭配。

我喜欢在坤包里装书、笔，以及随身的小手抄本。于是，包总是选大的，当然还要结实。

无论是穿风衣还是休闲外套，我的坤包大都是那种稍有些褪色的灰色、褐色、蘑菇色、黑色等古典风格的大皮包。

喜欢上这种坤包，不仅是因为那质地，那颜色，那款式，当然还有坤包带给自己的诸多方便。

配上同样色系的围巾，走在深秋银杏叶泛黄的林间小道，随意找一个木椅坐下，晒着阳光，悠然地拿出包里的书，静静地品读。

时光就醉在这样静谧的午后。人也就静成一株树或者一朵云。

夏天是女人的季节，裙子如同盛夏开放的花朵，千姿百态。若是穿着浅色轻裙，手里提着黑色的手提包，那看上去，就觉得沉重而不协调。得有淡色的、小巧的坤包点缀才显出女人的干练或者娇俏来。因此，我手里的坤包，多选浅色调的。

当然，喜欢新鲜装扮的女人，在选极富韵味的小坤包时，也不光考虑包的容量、颜色，还要考虑包给女人添出的那份妩媚和优雅。

钥匙、手机、面巾纸等这些杂物，裙子上哪有口袋能够容纳?如果没有坤包，女人的手，又如何安放?

提着包的手，总显得从容。

拿坤包的女子，无论包是朱黄色还是白色或者蓝色，都代表着一份心情、一份隐秘的从容，将所属的一切都容纳其中。

有一位专门为女性设计包包的女子，名字叫 Joy Gryson。

如果在纽约街头向女人们问及时下最热门的坤包设计师是谁，你会很容易听到她的名字。因为她就是纽约著名品牌 Marc Jacobs 的饰品（坤包、皮鞋）设计师。让全世界时尚宠儿为之疯狂的“Stella

Bag”“Sofia Bag”等都是她的作品。

虽然，我与她离得很远，可是提着她设计的包，那种为女人之美而跳动的心，就离我很近很近。

画册上的她，穿着“MARNI”衬衫，围着围巾，素面朝天，美丽大方。

在她看来，所谓流行就意味着所有的人都想要，就是说拿在手里要方便。再华丽再名贵，如果没有实用价值，那有什么用呢。

因此，她设计坤包的时候总想“我需要什么样的呢”，于是就有了 It Bag。

爱一种生活，就像爱一个包。或者说，爱一个包，就像爱一种生活。

阅包如阅人。外表是一种印象，而包里的乾坤，更能反映出一个女人的兴趣与格调。

有些人的坤包里少不了化妆品、香水之类。有些人的坤包里，会带着小镜子、零食或者其他。

也有如我一样，喜欢随身带一本书的。

我刚当妈妈的时候，包包选择的是帆布做的那种大手袋。

推着小推车，带着宝宝出门去散步。天呀，你可以知道，那个百宝箱里有奶粉，有奶瓶，有湿纸巾，甚至有宝宝纸尿片，等等。

一个母亲的爱，一不小心就从包里泄露出来，那么细琐，却那么充实。

不一样的内容，不一样的世界，在一个女人的包里，你会有不一样的发现。

著名品牌的坤包价格不菲，买的时候，会想要用一辈子。可随着季节的变化，样式不断推陈出新，很多女性总是止不住地叹气，啊，这个包是去年的了，已是老款。

其实，在我看来，款式越简单的坤包，越不容易过时。

那些狂热追求新款的女子，喜新不厌旧的同时，也会同时感受到危机：潮流这个东西，永远追不完。在追求的过程中，岁月也匆匆溜走了。

如今，各式坤包从色彩到面料到设计，越来越追求精美，合乎人性。我依旧沿袭着自己本来的审美及实用性来选择坤包，重量轻、面料结实、颜色单一的那些依旧是我的首选包包。

手里的坤包，装着我不可或缺的随身小物，这样闪亮地走向一扇又一扇门，走向一道又一道风景。

手链——手腕上的那道风景

爱上手链，其实不是因为手链的精致，也不是因为手链能够使手腕变成一道风景，而是因为一个小小的故事。

有个寺庙，小而有名，因为供奉着据说是佛的手链。寺庙法师有七个弟子，日日诵经念佛。一日，这串佛手链不见了。

这是个大事，况且供奉手链的地方非外人所能进入。于是法师说，你们谁拿了手链，就放回原处，我不追究，佛也不怪。

七天过去了，手链并没有放回来。法师又说，谁拿了手链，谁承认了，这串手链就是谁的，并可以继承他的衣钵。

七天过去了，依然没有人承认。

于是法师说，那么你们明天都下山吧，拿了手链的人如果想留下就留下。第二天，六个弟子下山了，一个弟子留了下来。

法师问，手链呢？留下的弟子答说，我没有拿。

法师又问，你为何留下来？这个弟子回说，这几天我们相互猜疑，总要有个结果的。再说，佛的手链不在了，佛还在呀。

法师微笑，从怀里取出手链戴在他的手上说，能思己，更能想人，就是佛法。

因而往后一看到手链，就不由得想到这个故事。于是，戴手链的人在我的感觉中，好像就有着慧根，有着慧心。

我给一位喜爱戴手链的朋友讲了这个关于手链的故事。

朋友艾莉笑得前仰后合：你懂不懂，手链本来就是女人的首饰，是女人爱美的标志呀！

我也跟着笑了，笑而不语。

看着艾莉从首饰盒里拿出各种各样的手链，不同材质、不同颜色、不同风格，真让人眼花缭乱。

当然，那个装手链的盒子也是古色古香，精致而华美。

艾莉说，盒子是奶奶留给她的，手链有的是母亲给的，有些是好友送的，当然也有自己在市场上淘来的。

每一串手链，都有一段故事，每一串手链，都蕴藏着一份感情在里面，这可都是一辈子的东西。

看着交相辉映的手链，我不由赞叹，每个环佩之间都是爱呀。

有一串是由红绳结着，拴着银质细小铃铛的手链。艾莉拿在手里，轻轻摇晃，发出一阵清脆的撞击声，像孩子的笑声。

她说，这是我小时候的护身符呢，走到哪里，小手只要一摆，就会发出哗哗的响声，母亲闻声就会知道我在什么地方做什么。一直戴到上小学，才收起来。

可是，那些学步的日子，那些学舞蹈的岁月，都是由这串铃铛陪伴着的，因而也让她有了可爱“银铃铛”的绰号。

看这串绳子编的结，依旧这样结实，那是最好的朋友编给我的，叫幸运绳。我将这绳上串一两粒金珠子，做成转运珠。因为一场病，外婆选了七种颜色的线，细细编好。

外婆给我戴上这串手链的时候，用那双长满老人斑的手，为我打上这种结，说这是幸运结，会给咱们家的囡囡带来好运。从那以后，我戴着它，就觉得这条幸运绳是手腕的一部分。

还有，这个珍珠的，这是水晶的、玛瑙的、藏珠的……

艾莉不停地说着，我也继续端详着那些手链，像看一个个说也说不完的故事，很长很长，很暖很暖。

我的手链，是一串水晶的，据说水晶是有灵性的，可以护身可以养人。

这是爱人送我的，水晶如心，透明。

透明如他，珍贵亦如此。照见彼此内心的心意，何止一串手链可以表达，但手链的故事还有好长，要讲一生的吧。

我对艾莉说，瞧瞧，谁说手链里没有佛性？那些长长的故事里，包含着多少善与爱的光，一直闪耀着人间呢。

耳环——谁在耳际张望

唐代张籍有诗《节妇吟》：“还君明珠双泪垂，恨不相逢未嫁时。”诗是好诗，但我却是不喜欢这样的意境。拒绝一种爱，婉转，但还是拒绝了。很明白，很写意。

诗中明珠，是女人贴身的饰品耳环，还给对方的，已不是物，而是斩断的情丝。从此相忘于江湖，能忘记吗？

说起耳环，清初李渔的《闲情偶记·生容》里有“一簪一珥，便可相伴一生”，已经表达得很透彻。

无论什么时代，女人与耳环的情丝，都是永远有些隐秘联系的。那是一种说不清道不明的感情。

母亲的耳朵上也有两个金耳坠。

耳朵上的孔已经被这两个小金坠吊得像两粒小痣。随着年华老去，身体逐渐发福，连脖子也变得短了，那耳环戴着，就像两只小手在招摇，很煽情，很富贵。

母亲从不取下来。有时，这耳环会将毛衣上的线挂住，有时会在睡觉时勾住头发。这几十年来，母亲耳朵上的那两朵小金坠，就那么不识趣地跟母亲逗着，却从未让母亲觉得厌倦。

我的朋友莉美耳朵上也有耳环，当然，还有耳钉。

耳朵下坠着的花，时时变化。有时是两朵小玫瑰，有时是两粒小水晶，也有时是两粒小珍珠。

莉美真是爱美，换一身行头，就得换一副耳坠。

她在化妆间洗了脸，照着镜子，看着那张被岁月打磨出皱纹的脸，总深深地叹息，终究是老了呢。可是，哪里老了呢？再微微侧过脸，耳朵上的耳环光泽依旧亮着，整个脸，也跟着光彩熠熠起来。

有什么好呢，不过是耳朵上徒添的两个累赘。我说。

对于我这样不喜欢自虐的女人来说，往往看着耳环的美，就要想到耳朵上穿出两个孔的疼。

连最古董的雪琴也去打耳洞了。她说，要让耳环做男人目光的导游。再不去美一下，怕是过了岁数，连爱美的情致也跟着降低了。

她们戴着新买的银耳坠，在我面前招摇而过。然后在办公室里，一边咬着牙，摸着肿得老高的耳垂，一边说，总会好的，等消了肿，就是美丽降临的时刻。

想想都美，娇俏的耳鬓轮廓，还有优美白皙的长颈，都在耳环的点亮下，让人浮想联翩。

终于有一天，我走到了一家精品店，有人在看耳环，我也在看。

忍不住问，有没有夹子夹的那种耳环?

有的，有的。

白色的五瓣花，细长的花瓣，中间一颗闪亮的水钻，精致无比。一下子就喜欢上了。

买了一副，戴上去闪闪发光，很炫、很漂亮，尽管被头发遮住些许，但它的光芒依旧散发。

然后，就心满意足地戴着耳环向着长长的街道继续前进。

看着镜子里洁白、晶莹的新耳环，默默地拿起剩下的半只旧耳环，用绒布蘸着酒精沿着圆弧，小心翼翼，一遍遍地擦，心里的暖意又慢慢地丝丝升起来。

在一个女人的身上有两种饰品可以说是知性的，一种是手表，而另外一种就是耳环了。不同的手表和耳环往往可以衬托出女人不同的风韵，不同的耳环也可以改变你一种叫做气质的东西。

耳环对于女人不仅仅是一种饰物，更是一种心态。上帝造女人就是要给世间添些瑰丽的风景，无论是耳环还是他物，只要它悦人又悦己，则何乐而不为?

爱上耳环，才知道其中的滋味真是妙不可言。

不同的装扮配上不同的耳环，是不同的心情与风景。心情极佳的时候，穿一身得体的服装，配上与之相协调的耳环，让心情随着发丝与耳环摇曳飞扬，做女人的心态在那一刻惬意到极致。

睡衣——不只是悦人更是悦己

在某本书中，读到“忧伤是夜色中无声泛起的凉，它如此的真切而熟悉，宛如故人重临”，心中忽然间就会与另一句诗相遇，“与君初相识，犹如故人归”。

于是，眼前总是会出现这样一幅画面：那是一个爱情中的女子，守着一份爱意，或许也守着一份孤独，在等待中，慢慢隐在深深的暮色中。

也读李清照的《南歌子》：“天上星河转，人间帘幕垂。凉生枕簟泪痕滋，起解罗衣聊问夜何其。”

同样深情的女子，当整个世界已然沉默，却任那空空的凝望穿越时光之殇。罗衣轻解，换上睡衣，再美也无人知。

黑暗之中莫名涌来的思绪，宛如一支不知名的曲子，无人在意，独自悠扬。但不知什么时候，也不知什么缘由，泪水却浸透了枕席。当你蓦然间发觉时，只望见了星光闪耀，夜色深沉。

再美的容颜，再美的华服，再热切的心，在失意的情绪中都会慢慢枯萎。

睡衣，对于女人来说是最隐私的物品了，它的浪漫、它的性感、它的贴身与舒适，只会与自己最亲密的人分享，当然来不得一点点马虎。

床上，总要有一件属于自己的睡衣。无论男人还是女人。

以前听老人们讲，上海人有穿着睡衣出门散步的习惯。走在灯火绚烂的外滩，很多不了解上海的人，都在心里悄悄地为“阿拉上海人”这种文化纠结疑惑着。

其实，以前上海人睡觉都不穿睡衣的，而是在风凉的天气，直接把睡衣当外衣穿。他们喜欢在晚饭过后在家附近随意走走。

但上海发展快速，走着走着，家附近都成了高楼大厦和热闹的百货商店，所以没来得及改变的人，会显得与这个城市格格不入。

我一直是不信的，因为每次去上海，满眼都是都市繁华的景象，满心都是灯火辉煌的印象。

但有时，在小区里看到一些穿着睡衣出门散步的夫妻，心想，大抵，上海的小胡同里也如每个城市的街道一样，人们饭后闲闲散散，安安逸逸，把居家的衣服穿到街上，也就不足为奇了。

想必，天凉时，那些睡衣都变成厚厚的，保守的，纯棉的。但心中还是觉得，睡衣，与床有关，与暧昧有关，与风情有关。

那些能穿出去的睡衣，我只叫它们为居家服。

女性对睡衣的要求也越来越高，许多睡衣以剪裁出流畅的线条、细腻的细节设计为重点，搭配运用各种材质及新布料的开发。

在材质的选用上，除了运用雪纺、棉、胚布、提花、印花等外，更有刺绣、叶片蕾丝、贴布绣和布匹刺绣的装饰变化，增添了女性睡衣特有的温柔及妩媚。

给朋友家的闺女买生日礼物。会说话的芭比娃娃，她有了。可爱的小洋装，她也不缺。

买什么呢？

眼睛在某刻一亮，那款蓝白色渐变睡衣，选用永不落伍的细格子图案，天蓝色的格调让我在炎热的夏天犹如置身于湛蓝的海边，清凉舒坦。灯笼袖的设计非常大方得体，孩子穿着，将是多么舒服可爱。想着那小可爱的样子，穿着这样的睡衣，像个小天使一般在床上读书的样子，我便毫不犹豫地买下。

贴身的礼物，孩子一直喜欢，对我的感情也更亲密了。

三十岁生日的时候，我给自己买了一套“梦之轻盈”性感睡衣。这款红色带提花的蕾丝料褶皱睡衣，裙摆的开衩延伸到腰部，一双修长的美腿在行走间春光乍泄，让人情不自禁。加上独特的剪裁，穿在身上，对镜自怜，那如梦般的高贵和飘逸，让我爱上睡前的自己。

灯下魅影，是对身边人无声的暗示。

香艳的色彩，爽滑、飘逸的真丝材料，如同第二层皮肤，不用点力气都抓不住它。粉红的底色被印上有点手绘感觉的花式图案，增添了不少风情，升华了丝的高贵与典雅，展现每一个夜的魅力。

爱不爱，你说?

美不美，眼神已泄露所有的秘密。

曼妙的身材若隐若现，两情相悦的感情如胶似漆，一切都那么恰到好处。

也有不屑睡衣风情的女子，鄙薄地说：“穿那么漂亮性感的睡衣给谁看？”

是吧，那张宽大的床上，女人就这样随便穿条运动裤、T 恤就凑合着睡了。床没有 OUT 你，或许是你自己把自己 OUT 了。

现代的女性越来越注重生活质量，当然要买件好看、好质地的睡衣了。一件质感柔软、透气、穿着无负担的睡衣，能让你全身肌肉放松下来，轻松进入香甜梦乡，提高你的睡眠质量，保证你第二天精力充沛地全力拼杀。

女人不再仅为悦己者容，无论你是单身还是二人世界，穿件性感撩人的睡衣，都是悦己悦人的。

要知道睡衣的好，要聆听它的呼吸，要感受它的抚摸。

在月明的夜晚，烛影摇红。

无论一个人，还是两个人，都会觉得，喜欢与安静，暧昧与香艳，舒适与轻松，同在。

香水——最爱女人香

拉拉说，男人最爱花香调和果香调，这样的“女人味”他们喜欢。

我说，可爱或者御姐都OK，只需符合自身气质。淡淡的就很好，不要浓烈。

曼珍惯用的是香奈尔5号，远远地就可以闻到。她从五楼经过，人已至街，而那股香，还在五楼的过道盘旋不散。

这女人，远远近近都是味儿。清雅或者甜美的香调，才使我有好感。浓烈的味道，总有狐臭的嫌疑。

拉拉喜欢兰蔻美丽人生香水，她说，这是一个女人品质的象征。美丽人生是款名副其实的奢华香水，富含约50%的天然成分，算是当今调香业界从未尝试过的调香比例。

喜欢归喜欢，每个女人都有自己的选择，自己的所爱，那是代表自己的味道。一种香氛，一种心情。

拉拉说，这不是为使男人喜欢，而是因为，兰蔻全新香氛，闪耀着灵魂的光芒，那是一份属于当代女性的幸福宣言。

爱一款香水，不仅爱它的味道，还爱里面蕴含的意义。

渴望幸福的La Vie Est Belle香水，法语代表了美丽人生，是专为摆脱束缚、不落俗套的女性而设计。

我更喜欢这香水瓶子的造型。瓶身就像一位法国姑娘，颈间的那缕丝巾在春风中轻柔吹起，颇有意境。

初闻有些浓，渐久，淡而迷人。次日还能感受到它的味道。迷恋上这样的香气，渐渐成熟的自己，会觉得自己更女人!

女人与香水，从来都不分你我。

古时候，闺秀的长裙里，就有香袋、香囊随身系着，贴身佩着，私物一样赠予爱侣。

时下，香水的品种更是繁多。而每款香水与瓶子，都有着自己的意义，每种香氛传递着的信息也各有不同。

当我们置身于繁杂纷乱的世界中，一日工作忙碌时，无论是一个转身，还是一个微笑，总有一种香味与你不期而遇，传递着一种无声的语言。

或清新明快，或香艳诱惑，也或者淡淡幸福，就在空气中将你轻轻环绕。

也有不用香水的女人。

孩子在我怀抱里的时候，会奶声奶气地说，我闻到妈妈味了。

而我，也喜欢将脸深深埋在孩子的脖颈处，贪婪地闻着孩子身上的奶香味。

每个人的身体都有属于自己的体香，那是区别于香水的特有气息。这些气息，让人温暖，让人迷恋。

幸福是每个人都在追求的境界。

清清爽爽的味道，更好地诠释了另一种精神内涵。

女性要做自己，勇于挣脱束缚，将生命变得纯粹和简单，去追逐自己的专属幸福。拥有属于自己的味道，那也许是来自气质，也许是来自品质，也许来自香水给予的高贵、优雅、香甜，抑或是魅惑。

无论是清新纯净的花香调，还是温暖的木质调，亦或是优雅浪漫的味道，女人总能通过香水释放出另一种典雅，另一份沉香，拥有一种自然的风度。

优雅地散发自己的香味，表现出自己的生活态度，用独特的存在给周围的人带来无限的喜悦。

钱包——掩在皮相下的小九九

过生日的时候，朋友送给我一个红色钱包，很喜欢，但一直还没来得及用。我手上有一款黄色稻草人的，用着挺方便。

过年的时候，我曾刻意拿出红色钱包，装满那些要给晚辈的压岁钱。红色多喜庆，这样的日子不用，什么时候用?

“不，千万别用，回家收起来。”朋友劝告。

“红色钱包多发。”我忙着解释。

“不，你错了，红色代表赤字。也就是，你很容易把钱花光，无法存钱。最好换另一种颜色的。”

我很郁闷。

不过是一个钱包，难道装钱的东西还要分颜色吗？功能总是差不多，你给它吃得太多，它就会跟你抗议，会咧嘴，会露出肚皮来。

钱多，自然是件好事。

钱包，无非是用来装钞票的。

朋友将钱包颜色的讲究，上升到招财守财损财，让我哭笑不得。

既不能信其有，又无法信其无。

上网赶紧去百度一下，原来还真有此说法。

蓝色钱包：也存不住钱，因为蓝色代表水，意思是钱会像流水一样地流掉，是一种不适合钱包的颜色。不过，一般很少人使用蓝色的钱包；

白色钱包：白色代表干净，同样是一种不太适合钱包的颜色，而且还容易弄脏；

黑色钱包：黑色代表可以守住钱财，不轻易让钱财损失；

咖啡色：也是跟黑色钱包同样的意思，只是力量没有黑色钱包那么强；

黄色钱包：黄色代表钱财，是最好的钱包颜色了。

粉色主爱情，粉的谐音为分，别人会分给你钱财的意思，金色是首选，招财的意思，红色是花钱快的意思……

金、粉我各有一个，都不错，不喜欢黑色钱包，女生拿着发闷。男生当然适合黑色、咖啡色。

当然，说法不一。

也有不同的声音，困扰着我。已不再理论。

当然，钱包本是用来装钱，但，它却也一样有气质，有美感。

诸如路易·威登、古奇欧·古孜、李维斯、安娜苏等。虽然包包好看，价格也是咬手的。

而我更喜欢那种向往美好自由、追求个性品位、热爱生活的时尚享乐一族。既可夸张前卫，又可活泼可爱，在钱包的选择上，也体现出一种既大方实用，又简约休闲，表达一种追求时尚潮流、创造高品质生活的理念。

在未来的日子里，它将以继续休闲、时尚、典雅的鲜明个性，演绎着都市人生。

披肩——一袭笼罩，千姿百态

我在人流如潮的平遥古城小街上徜徉，秋日的风微微送来一丝清凉。一直觉得，这里的女子特别好看——各种民族风的裙装，随意搭着件披肩，迈着细碎的小步子，不急不徐地走在铺着青石板的路面，花朵一样，永远没有开败的时候。

更多的是外地游客，到了这里，不由受她们的影响。

挑一些好看的披肩，带回去，好像把这里的风、这里的美，以及关于这里的记忆也都带回去了一样。

夜晚，红灯笼挂在临水的茶馆中。

远远近近的灯火，幽静的水波，都带着一层沉沉的神秘色。

古色的小茶楼里，别有一种与世隔绝的意境。

那里也有一些女子，有端庄秀丽的妇人，也有青春靓丽的女孩子，她们披着披肩，雍容华贵、举止高雅。你仔细端详一下，她们的神态都是从容里带着一丝娴静与性感。

这些性感来自哪里?

从那些笑容里泄露出来，也从那些步态中流露出来。

所有的城市，都有那样一条叫步行街的地方。

老街上，门店大开。

香袋、银制首饰、陶笛、丝巾、披肩，包括那些花团锦簇的裙，在各种各样的店里，任你选购。

与那款披肩相遇，是在一个不大的作坊里。

织机还在不停地忙碌着。店主是一位长相平淡的妇人，她低垂着头，手扶着织机的横木，一根根黑白相间的线，排着整齐的队在织架上，“咔嗒”“咔嗒”……

她的手不停地来回穿梭，线缓缓地从另一头吐出来，成了一条黑白条纹的披肩。

我喜欢这样简洁的颜色，这样手工制作的过程。

于是，站在一旁看得兴致勃勃。

“要做一条吗？您可以选自己喜欢的颜色与款式，方巾或者长的，这里有样品。”店主热情地将画册拿来给我翻阅。

“我们这里，可以根据您的需要，织出您喜欢的花纹与色彩。”

“不，这样的就好。这样黑白相间的就好。”

“其实，这一款也不错呢，黑色与红色交相辉映，低调中尽显奢华。”看上去很普通的女人，说出这样不普通的词汇，我不由多看了她两眼。

店主那双灵巧的手，一直在忙碌，手指在纺织披肩的时候，像在舞蹈一样。那双手看上去干燥多皮，却丝毫不影响手指舞蹈的美感。节奏分明，动作流畅极了。

织好的披肩，就这样裹在我的肩上，纹路清晰的黑与红，把普通的服装也点缀得格外清爽而有文艺范儿。

“真好看，我也做一条。”边上有人靠了上来，也纷纷开始挑选她们中意的款式与色彩。

付了钱，我离开时，心里还有根弦跟着那双手在弹奏。

秋过了，冬来。街上，仍有许多女子披着不同款式的披肩。

秋花蕾丝仿狐狸毛领斗篷披肩，让女人显得雍容华贵。糖果色丝绵毛边大披肩围巾，在女人的香肩上，将冬日的冷寂一扫而空。

鸟语花香印花潮款不规则披肩，让时尚与温暖同在。

无论是参加宴会，还是出门游玩，无论是镂空罩衫针织大披肩，还是枚红色、嫩绿色、甜美文艺范儿的，所有的那些纯色披肩，总是用一种独特的方式，让女人更显大气，更显妩媚，更显华贵。

当然，我的衣橱里，不仅有手工制作的那两款条纹披肩，还有韩版女士披肩，花卉淡雅质地棉麻的薄荷绿淑女披肩，格子式的大三角披肩，文艺灰色的大丝巾披肩，充满异域风情的印花披肩，民族元素与都市时尚元素巧妙结合。

披肩不仅可用于秋冬两季，每个季节都有不同的披肩，与不同的服装相配。而这些披肩，将我的女性气质衬托得恰到好处。

在电影里看到有些明星将高档的皮草披肩穿在身上，以此来显示她的奢华与高调，我却不屑。宁愿披上那些高档仿皮草狐狸毛冬季保暖毛披肩，也不想成为把动物皮穿在身上的女人。

爱美，让自己更加美丽，是女人永远不懈的追求，但美往往也是一种选择，一种信仰，一种保护。

但愿披肩里，不再有皮草出现。或许，这是我自己唯一的一点心结。愿爱美的你，能懂。

连衣裙——绽放，以花开的姿态

“荷叶罗裙一色裁，芙蓉向脸两边开。”王昌龄的《采莲曲》描写了江南采莲少女的劳动生活和青春的欢乐。

我喜欢这样的比喻，将荷叶与罗裙相比，那样的绿，那样的清新。

古时女子，多爱裙装。

因此，有了“十二长裙散彩云”，有了“扶琴送子曳长裙”，有了“长裙连带任流风”这样、那样描写裙子的佳句。

我自小爱看戏，也爱画古代仕女图。

每每看到戏台上，那些女子的绸裙都是长到只露半寸金莲，像九天仙女下凡似的，裙裾缭绕，眼迷心乱。

《天仙配》中，七仙女在天宫向人间张望，那些仙女们一位位缥缈裙裾，显出玲珑剔透的身段，摇曳生姿。簪子挽起，斜插入流云似的乌发。薄施粉黛，秀眉如柳弯。额间轻点朱红，娇媚动人。

真是美到极致，让我看了一遍又一遍。

长大后，读到“待月西厢下，迎风户半开。拂墙花影动，疑是玉人来”，想来正是那样的女人。

及至《红楼梦》里呆香菱情解石榴裙，那裙是受了委屈湿了魂魄的，更多一番楚楚。不知觉就走进线装书里的插图：香帘半掩，鬓云横落，照例一条绣裙没过纤足，栏外花朵散淡地开。

女孩子对裙子的喜爱一旦开始，便一发不可收拾。

并且我独爱长裙、大摆，行处风起裙动，那是一种怎样的飘逸与隽秀，让自己仿佛回到那唐诗宋词的意境中。

裙子的美，为女人而生。

比如荷叶边与碎花组成的裙子，美丽，浪漫，在阳光微暖的午后，衬托出你的婀娜多姿，你的柔情万千。

若问，你最爱哪个季节?

我总会毫不犹豫地回答：夏天。

不是因为别的，而是因为夏天是穿裙子的季节，是最能体现女人美丽的季节。

藏蓝色的裙身，长长的拖至腿部，优美的裙身曲线修饰出动人的身材，双袖可爱的碎花图案，瞬时将活力注入，打破蓝色的沉闷，散发出时尚的气息。

半踏长裙宛约行。纯色长裙，柔软而轻盈的雪纺，垂坠下一帘幽梦，美如男人梦中的女神一般。又好似窈窕淑女，清新婉约，引得人们竞相追求。它的魅力是惊人的，好处亦是显而易见的，修身显瘦，哪怕腿不够长或腿型不够好，甚至肉肉很多，也可以完全遮掩，拉长腿部曲线，穿出女神范。

收拾橱柜，发现自己除了休闲牛仔外，竟都是裙装了。本土草原风情碎花长裙，典雅蕾丝花边书卷气布艺裙，傣族丝麻相间曲线长筒裙，滚满桃花枝儿的俄罗斯式层层叠叠波浪百褶裙，难掩神秘风情的波西米亚长裙，印度香花纯情植物浸染薄棉裙，苏格兰情调暗灰小格子长裙，衣橱间不同文化彼此牵手，气息相串，实在迷人。

夏天的风是调皮的，时而撩起你的头发，时而又摇摆你的裙子。

当裙子随风摇动时，最是让人心驰神往，也许那一瞬间的美态，就足以打开他的心扉。雪纺连衣裙在裙摆上染上轻快的色彩，一种飘逸，十分明媚，上身的碎花亦赋予你花一样的美丽，这样穿，美好的爱情愿望一定会实现。

人们都说：再不疯狂就老了！趁着暑气还没有完全褪去，就穿上你那条淡粉色的雪纺长裙去海边潇洒一回。闻一闻咸咸的海水味，听一听海浪的拍打声，迎着海风，沿着延绵的海岸线，在沙滩上欢快地奔跑吧！

在这夏末初秋的时节，在这茫茫的大海边，尽情地享受只属于你一个人的美好时光。那是多么美好的一种感觉啊，仿佛天上人间就在眼前了。

去海南旅游的时候，在苗寨，看看那些木质的房屋，走在大块的青石板上。清晨的时候，阳光会沿着屋檐静静地射下来，洒在我那条随风翻飞的大花长裙上，绚丽的色彩在这画着花纹的屋旁墙壁上散发着耀眼的光芒。

路过的游客都停下脚步，被这动人心弦的一瞬悄然感动。

在生活中，我们也不能忘记要做一个精致的女人。

放慢你匆忙前行的脚步，在这个初秋的午后，穿上最爱的那条花色长裙，到一家富有情调的茶馆，坐下来，安安静静地听一首钢琴曲，细细地品味一杯花茶。相信裙身上朵朵绽放的花朵也会陪你一起，安放一颗蠢蠢欲动的心。

每个人都是生活的诗人，在平凡却不平庸的生活中追求着美好。

我们的诗就是我们自己，还有我们穿的裙子。泛着怀旧色彩的水洗牛仔裙，仿佛蓝蓝的天被海水冲刷过后一般清新，蕾丝点缀得恰逢其时，洋溢着纯美的小女人味道。

在秋天完全莅临之前，穿上精致的丝绵大摆长裙，安静地站在一角，回想逝去的一整个夏季，还是有那么几分不舍。就这样带着文艺的感觉，带着独特的精致，慢慢步入秋季。

不同的女人，总有不同的裙子装点她得天独厚的气质。

无袖厚秋裙，不独处的美；温婉秋裙，似水莲不胜凉风的娇羞；微雅秋裙，轻松扮靓出门装。若做端庄女子，着白色绣花长衫长裙，裙角与同色高跟凉鞋若即若离，如一支荷。满街粗俗的衣袖自惭形秽，一时有如听到传神的诗语，而自己却是话也说不全的。

想起张爱玲的衣装，像她的思想总能凌驾于众人之上。想怎么穿就怎么穿，不是胆量，是天赋。

《飘》里，郝思嘉曾用墨绿的天鹅绒窗帘改做收腰大蓬裙，与她的绿色猫眼呼应，惊为天人。到底念着那一株绿，特制了一袭墨绿泛着银彩无袖的收腰长裙，脖上系同料三角巾，大卷长发，白色高跟凉鞋，裙角与脚踝窸窣相碰，又逶迤而去，有如浪花漫过，微凉。

天下女子之美，大抵正是在这一妆一扮中。性情的美虽在内，而表现在外，何尝不是那裙裾旋转出的百花盛开呢？

钥匙——掌门人的权力

新房交钥匙的时候，她把钥匙轻轻地扣在他的钥匙扣上。

他握着那柄钥匙，微笑着拥抱着她，这样安心。他们就那样静静地，拥抱着，好像温暖了整个世界似的。

无论是什么样的家，从乡村的老宅到城市的公寓、别墅，有门的地方，就有钥匙。有钥匙的地方，就有人。

当一个男人或者女人，拥有同一个门的钥匙时，门内就是一个家。如果说，房屋是我们的家，那么钥匙扣，就是钥匙的家。

钥匙扣也要精致的，上面有办公室钥匙、汽车钥匙、车库钥匙、家门钥匙。

我喜欢精致的钥匙扣，因为一个家正依附在钥匙扣上。这个钥匙扣，怎么可以马虎呢？

一个家，都被这个钥匙扣甚至钥匙包而收藏管理稳妥，带在身上的，就不仅是一串钥匙，而是两个人年年月月的生活。

曾读到过一个关于钥匙与锁的童话故事：一把坚实的锁挂在大门上，钥匙来了，他瘦小的身子钻过锁孔，那大锁就啪的一声打开了。

铁棒奇怪地问：“为什么我花了那么大的力气也没有打开，你却轻而易举地打开了呢？”钥匙说：“因为我最了解她的心。”

读这个故事的时候，心不由得惊了一下。

有人说，女人是锁，男人是钥匙。

一把钥匙开启一把锁。

锁的心只对读懂她的钥匙开放，打开心锁的两个人，才能融合，才能从此你中有我，我中有你，才能共同守护一个家的门。

“一路上有你，苦一点也愿意”，张学友的歌深情而真挚，天下人谁能没有一份钟情衷心的爱，只为那一个人！

但是一把锁一把钥匙有的时候也会有麻烦，一旦钥匙没了，锁就没用了。或者锁没了，钥匙就没用了。

我喜欢这样的决绝，这样的恩与爱。

这就是专一。

爱一个人，就是一生共存亡。

毕竟，人生不仅是钥匙与锁的关系。男人与女人，也不仅仅是以单纯的钥匙与锁的形式共存。

所以，家里总要有备用钥匙。

对于钥匙，每个人都有自己的执念。

某天，我的一串钥匙不知道在哪里失踪了。我仔细回忆那天行过的路、走过的地方，然后不知疲倦地去了所有经过的路、经过的店门，询问无果，然后垂头丧气。

钥匙没了，那种安全感好像也就消失了。

最后，我换了家门上的锁才安心。

备用钥匙有什么用?

当自己的钥匙不仅自己有，陌生的人也有了，那是一种怎样的恐惧?

这就像爱情遇到竞争者，婚姻遇到第三者。

不喜欢万能钥匙，就如不喜欢多情的男人或者女人。

自然天道，完美中存在不完美，万物万事无限平衡，相辅相成。得失必然，美丑相异，有无相生。我们无法改变这一切，但我们能有自己的坚持。

当一个家的钥匙在你的手里，当这个叫“家”的地方成为你的地盘，住在这个家里的人，也必然要行使掌门人的权力。

侵犯婚姻的，践踏情感的，扰乱平静的，那些种种举动，怎么可以让他们得逞?

此时，我轻轻关上门，合上钥匙包，让钥匙相互撞击，每一种权力被系在钥匙扣上，给钥匙一个安全的家，一个精致结实的居所。

正如，给了自己一份居家女人才有的气定神闲，一份当家女人才有的从容恬静。

戒指——指间的信念

琳达对我说：“你的戒指戴错了地方。”

“怎么戴错了？这样的花形戒指，戴在中指，正正好好，既美观又大方。”我立即反驳她了。

不对，不对。

右手小指：不谈恋爱；右手无名指：热恋中；右手中指：名花有主；右手食指：单身贵族；左手小指：不婚族；左手无名指：结婚；左手中指：订婚；左手食指：未婚；大拇指都是代表权势的意思，

也可以做自信的意思。

“你真像算命的一样。”我笑她。

“其实，从一个女人对戒指的挑选中，同样可以看出这个女人的性格来。”琳达又向我卖关子。

“那你就说说我呗。”

“你呀，纯是一个守财奴。就守着黄灿灿的金子，怕贬值了，怕将来受穷了，有这些金物，可以留一些补给吧？”

我们相视哈哈大笑。

琳达自己是喜爱粉红色或者红色的。那些珠宝戒指，总是纤指一点红、盈盈一滴血的样子。

到底颜色如人，她感情丰富而浪漫，且对人热情似火。

琳达说，那些喜爱蓝色的人，性格冷淡内向，不好相处的。她倒是更爱和戒指中有绿色的人相处，那些人，情感纤弱。

“你就会瞎说，男人总没有五颜六色的戒指戴，又如何看懂他们的性格来？”我好奇地问。

“你看看，戴纯银戒指的男性性情温和，易迁就他人，容易沟通。戴金戒指的男人和女人一样较重视利益，往往会有精明的生意头脑。当然，那些戴翡翠玉石的男人，有实力，注重品位素质，处事严谨。对于不喜欢戒指有纹饰者，是个坚信爱情的人。”

听着琳达分析得头头是道，我真是心悦诚服。

某天，我坐在茶社里，看到女主人手捧着一束狗尾草，喜滋滋地插在一只青花瓷器的细颈瓶里。那双手，轻盈灵动地理了理那束狗尾巴草，戒指在中指间一闪一闪。

忽然间，我喜欢上了这间茶社。这位女主人虽长得并不出众，却有一份独特的从容与自信的笑容。

疯长的野草登上大雅之堂，而素雅的人，端坐在一角，并不去打扰茶客，案前有书，散发墨香。一切都那么正好。而四处摆放着的瓶中，也并无名贵的鲜花，多是一些不知名的野花野草，却给整个屋子增添了几分清新的野趣。草，把我引向了广阔的原野……

故乡的屋前家后长满各种野草，茎纤细、坚挺、修长，总被未初情事的小女孩掐掉草穗，单拿草茎编戒指。

那扁细的戒指戴在手上虽不明显，但心里却闪烁着快乐。

女人天生都喜欢这些东西，爱美是天性，是上帝送的一颗慧心。

还记得“金戒指”呢，那是麦秆在手上跳跃，手下花样翻新：菱形花结的，畚字花结的，扭结而成“雕”花的……

编完，套上手指，把手伸出来，一双双小手，因这草戒指变得秀气而有灵性，释放出女孩子的温馨。

再后来，这些女孩子都会拥有真金戒指的一天，只愿情比金坚。

你只觉得眼前的一切很神圣，因为这世上实在没有一种东西能替代戒指被赋予的情订终身的传说了。

旅游途中买过一只藏银的戒指，我喜欢银质的物件，喜欢它迷蒙的光泽。可是藏银不纯，我戴着这只看起来很民族风的戒指游泳后睡了一晚，它就在我的指头上留下一圈滑稽的绿色。

我起先执着地戴着它，而后在某个晚上，迷糊中将它摘下来丢了。

或者是一些执念作祟，不适宜的，就该丢去，像丢去一些与己有关的记忆。

先生送我戒指，其中一只是凤凰造型的花戒。

起初觉得好看，戴着的时候，红线缠绕的节点处，总是在洗脸时磨着肌肤。也有做家务时，觉得总有什么东西牵牵扯扯，污垢悄然躲在那些花纹里，洗也洗不掉。

时常会在做事务的时候取下，然后忘记戴上，后来终于不再戴。

先生似乎明白其中的道理，于是，在某个节日，又去买了一只纯金的指环。

可是，那么大，无名指戴不上，便继续戴在中指。

他笑，你还要冒充未婚或者独身吗?

我也笑，戒指在此，就算冒充，指上的信物，也是心中的图腾。

但，还是会取下，仅为收藏。像收藏一段光阴、一份爱情。先生有时会问，既然买了，为何不戴?

“解放手指。其实戴与不戴，心里永远有一只戒指在这里，拿也拿不掉。”

见我这样说，先生不再问。

手指上清晰的凹痕，始终不肯消逝。

我知道，那也只是暂时，终有一天，它会看不见，如同往事一般。也如同婚姻一般，陪伴，离开，独立，相互温暖，始终在那里。

制服——做最正点的女王

每次，我穿上制服出门，先生总是用另一种眼神看着我。那是一种赞赏的、喜悦的眼光。

当然，他还会忍不住说，你还是穿成这样好看，比起穿那些花花绿绿的，所谓时尚潮流的衣服，更得体，更大方。

我总说他是老古董、出土文物，眼睛里只有这样方方正正的衣服。样式既不妩媚，色彩也不够亮丽，穿不出女人的那种风情万种。

而且，行为举止也不由地受衣服统治，装在正正板板衣服下的身体，缺少灵动与鲜活。

从南京的禄口机场登机，到海口的美兰机场。飞机上的漂亮空姐让我多看了几眼，也就只是觉得挺美。但抵达机场后，在出站的大厅，我被几位拖着行李箱的空姐吸引住了。

那真是一群美人。

不仅是美，更多的是她们穿着一身合体的制服，戴着典雅的帽子，施施然从出口走出来时，竟然有一种勾人心扉的力量。

朋友吉莉，是一个万人迷一样的女人。她拥有一家女子会所，集养颜、健身于一体。

很多时候，当我们结束运动，坐在一起，闲闲地喝着茶时，话题自然会落到时装上。

“能勾起男人的心扉，那绝对是制服了。”

有时我下班后，来不及换下套装就去吉莉的会所，她会用一种喜悦的眼神看着我：其实，你穿成这样，的确很有味道。

味道一词，从吉莉嘴里说出来，与从先生嘴里说出来，感觉截然不同。

“有什么味道，人都被这衣服束缚了一天，窄步裙，迈不开轻快的步子，高跟鞋，走出的步子永远僵硬而缺少弹性。”我埋怨道。

你呀，吉莉笑我不懂风情。服装是迷人的工具，就像美丽鸟儿的羽毛一样，那么制服就是强化美的一类。

你可知道，最能诱惑男人心的通常是制服类，办公室那些美丽女性的制服诱惑，整齐的竖条纹套装，在丝袜的诱惑下让中规中矩的知性透露出了无限性感。

还有那些甜美空姐的制服诱惑，不说你也懂的。

想想看，病人喜欢护士的原因是什么？

一方面是她们的服务亲切，但更多的是那些粉嫩的颜色本来就可以给人甜美的视觉感受。那些男病人在夏日，看到这样甜美的服装下裸露的美腿，幻想无限吧?

是的呢。我不由得想起，自己曾经是多么渴望能够穿上英猛女警的制服，那样英姿飒爽，那样挺拔俊秀。威严与柔美融为一体，又是怎样的诱惑?

或许，那一刻男人更愿意扮演待罪的羔羊，以靴代裤将性感演绎到妖媚。

男人的制服之所以好看，最重要在于那挺括的肩部和背部线条。再孱弱的男人，穿上军装，戴上军帽，感觉都会立刻不一样。

我们也许不喜欢裸露的、过于发达的肌肉，但是在制服包裹之下，它们还真是好看!

而女人穿上制服，那看似统一刻板的制服，总能在不经意间流露出一些女人味。

对男人来说，制服诱惑就是从一本正经的外表下，看出那些令人幻想的部分；对女人来说，通过制服，可以得到一种安全感和力量感。

尽管从某种程度上说，制服是统一着装的代名词，然而它包裹的却是截然不同的玲珑曲线。

《格调》中写着：“众人共同面对的困难就是，每个人都必须穿制服，但同时又必须拒绝穿制服，以免自己珍贵的独特个性遭到抹杀。”说实在的，现代制服在设计上很特别，可以说是别具特色。

但每一个女人穿出的制服，总会在统一的款式下有不同的风起云涌，做正点的女王，让职业与性感同在。

举手投足——雅

与现在那些所谓的美女相比，这个女孩子，实在算不上什么。

就像一株小小的水仙一样，兀自地在自己的水中盛开，兀自地散发一种让人舒心的气场。

“卖服装，也有时间读书？”我问。

“嗯，没人的时候就会读读书，听听音乐。觉得这样挺充实。”女孩话也不多，依旧眉目清淡的样子。

突然感动。

一直以为，雅，是一种修为。不张扬，不落俗。

一直以为，世上漂亮的女人很多，但能静静散发怡人风情的女人很少。其实，只在街中的一间小店中，便看见了。

嗔——最好的缓解与抚慰

《说文》里解释，嗔，盛气也。从口，真声。

心里觉得太对了。内心的愤怒，从口中发出来。

佛教中说三毒为“贪”“嗔”“痴”，叫人戒掉。

但人非草木，如何无情?

《西游记》里面，八戒虽然贪心重，但却有厚道的一面、可爱的一面。那些小贪心，也实实在在为他惹了不少麻烦，但这个人物，却是立得住的，不假，不做作。

有人评价，悟空是“嗔”。他自由的个性一直被那个该死的紧箍咒束缚着，他识得险恶用心，却总被唐僧误解责骂，甚至念咒语惩罚。悟空如何不愤怒?

唐僧与沙僧倒是“痴”的，痴于求真经，近乎愚。

谁不爱那悟空的性子，谁不喜悟空的聪慧。谁不觉得，在被误解时，需要嗔怒，需要反抗?

若你的朋友和你的爱人，悄悄走私感情，却又将你蒙在鼓里。最后一个知道的你，无恨无怨无嗔吗?

那口口声声对你好的人，偏偏在大难临头的时候，抽身而逃。你付出了那么多感情，那么多青春，是不是要潇洒转身，说谢谢这场灾难，使我认识你?

南传的《法句经》说：“于此世界中，从非怨止怨，唯以忍止怨，此古圣常法。”忍是很不容易的，心上一把刀，唯有难忍能忍，才能成为大丈夫。

可是，成大丈夫的，都是韩信吗？可受胯下之辱，并以此为动力，发奋然后强大。

芸芸众生，更多人却是真实的自己，真实的小民。

快乐，愤怒，都是真实的。可以以物喜，以己悲，有竞争，有努力，有希望，有未来。

忍是叫人成佛。

慈悲心是一种善良，善良往往有时会被欺负。

在婚姻里，女人为男人做了一桌子好菜。可是菜淡了，或咸了。男人说，哟，今天的盐没花钱买。或者说，怎么搞得，厨艺越发有失水准了。

却不知道，女子的手大都有风湿性关节炎，洗菜，切菜，冷水里浸过，发麻发胀，不听使唤。忍受着诸多不便，为他做一顿热乎乎的饭菜，却遭遇这样的抢白。

有的是含泪垂目，继续忍受挑剔。有的是拍案而起，嗔怪道，有本事你自己做，老娘现在罢工了，不干了。

你选哪样？

爱情故事里，总有冤冤相报何时了的劝诫。杀父仇人的子女最后相恋了，因为有仇，所以爱也解决不了问题。

多少人都把嗔恨埋在心底，卧薪尝胆为了什么？为了报仇雪恨。写在课本里，于是告诉学生，要奋发图强。

学习这篇课文，要懂得自强不息的道理。心里却想，报仇雪恨的过程中盛产英雄，有英雄的地方，就有杀戮。

怎么可能无嗔呢？

可以不忘记，但可以学会放下，也可以学会冷静，甚至可以承受屈辱。但是，到底意难平。关于嗔的抗争，不在口，该在内心自省。

“定力”一词，大抵是对“嗔”最好的缓解与抚慰。

定力来自于何处？内心强大的人，可嗔之事便会越来越少。但这样的直目瞪眼，口中发狠对抗，那种正义凛然的劲儿，何尝不是一种血气？

有时，我真希望看到更多有血性的人，敢于直面反抗那些不公正的待遇与压迫。

醇——岁月沉淀出的滋味

男人事业有成，坐在摄像机前，神色淡定。在灯光的照耀下，他脸上的皱纹像墙上的壁纸，一道道，是岁月的足迹。

身上的衣服整洁，脸上的线条明朗，成功人士的样子。透过笑容，看不出岁月沧桑。一切生活，都围绕着“活着”。活着，然后积极面对生活的给予。

《醇享人生》在播放的时候，我的眼睛，注视着他们的眼睛。

那些嘉宾的眼睛，都是明朗的，像雨后洗过的蓝天。

生活可以是许多种样子。每位嘉宾的生活方式都不一样，身份各异，甚至连生活态度、兴趣、爱好以及生活品位都不同。

但都是一样热爱生活，追逐梦想。路在脚下，人在路途中。

成功不是只属于这些人。醇享人生的，也不仅只有这些人。

参加一个作协的会议时，有位女士披着长发，穿着牛仔裤，她不太喜欢言笑，有一双善感的眼睛。

看着满墙的爬山虎，她驻足，然后轻轻抚摸那些叶子。叶子好像会说话，透过她的手，轻轻将绿色的脉，连接到她的指尖。

“它能听懂我内心的声音。它能感受到我的温度，就如我能感受到它的抚摸。”这样的话，说出来像幼稚的孩子，但她却是20世纪50年代出生的人。

那些话，从她的口中吐出来，就像是那些叶子在说话。

忽地，就被击中。这是一种热爱，一种对生命的理解，对植物的理解。一切都是活的。

三毛在荷西离开之后，继续着自己的写作，用心，用眼睛，用情感，用回忆。

那些文字，慢慢在手指下活起来，散发出幽幽芳香。许多人透过这些文字，看到另一个没有经历过的世界。

三毛就这样在书中释放出自己的心。一点一点，剥开给你看。

爱情折翅，生命孤单，但继续走，继续热爱与追求，继续分享。

醇，是岁月沉淀出的厚度。质地纯，浓度高。

只有爱，能使世界转得更圆；只有爱，能创造奇迹。爱让一切都不一样了。爱好，爱情，爱惜，爱与宽容理解同在。

孩子说，这是一瓶酒，辣。

大人品，说这酒，劲儿足。

是的，有一种人到一定的时候，劲儿就特别足，不怕失效，而是弥久醇香。如人不怕容颜老去，随着岁月的积淀，慢慢把自己变成那种酒。

不声张，不强烈，入肺有暖，入心有情。简单生活，不再追求华丽。一日平安，一日感谢。

他们能够看见别人的好，能够让你想要接近，并不断因此提升自己的好。

醇至此，已入味。

饮一杯，一股热流，入肺入心。

慈——心头挥洒出的无尽温情

他对自己的小孩说，去拥抱别人，因为拥抱是一件美好的礼物，老少咸宜，拿它馈赠给别人，没有人会拒绝的。练习用拥抱代替说话，表达内心最深刻的感受。拥抱能传送安慰与支持，传递生命活力。

拥抱疗效：续命，每天四抱；保养，每天八抱；除病，每天十二抱。

这年，他六十岁，孩子三十岁。

儿子抱了抱这个叫父亲的男人，然后离开。

怀抱忽然就空了。父亲望着远去的背影，说不出的忧伤。

他抱起了身边的小孩子。那是他的孙子。

三十岁的男人不习惯拥抱。他说工作很忙碌，工作压力大。眉宇间拧成一个山川，像极了自己年轻时的模样。

当年，自己工作也这么忙，也这样来去匆匆。甚至，对孩子的教育也从来没有过好言语，刻板的脸，望得儿子像兔子一样，总想逃窜。

孙子把椅子弄翻了。没关系，来抱抱，摔疼了吧？

他心疼得要命，生怕小小的孩子受了伤，左揉右摸，找不着孩子哪里摔坏了，心里直懊悔，宝贝别哭哦，爷爷给你买糖吃。

那时，对儿子怎么不这样呢？

那时，儿子要是打碎了花瓶，弄翻了板凳，一定是不敢哭，而是可怜兮兮地认错，还得被臭骂一顿。

不知道从什么时候起，儿子就这样长大了。从一个小男孩转眼间就变成了男子汉。

他开始种植花草，并为一只蚂蚁让路。

他开始和小孩子交谈，那火暴脾气什么时候不见了？

不知不觉，额头上的皱纹越来越多，像一根根线，把那些急躁，那些不甘，那些拼命谋权谋财的念头都装进时光的袋子里，扎紧然后扔到找不到的地方去了。

他开始对年轻人敬畏。

做自己心灵的捕手，把实现自己生命的价值作为优先考虑。

不知道什么时候开始，他研究起食疗，养生。并且，悄悄为孩子的菜谱做了改善，不再做味重的菜。开始熬各种粥，以各种借口要求孩子回家吃饭。

他喜欢坐在太阳底下，戴上老花镜看书，一头黑发已经成了银色。在阳光晒得透的地方，将过去的心事，都翻出来晒晒。

连同一柜子的老书。

眼睛已经不再明亮，皮肤和眼角都垂下来。但看到孩子的笑脸，他就会用垂下来的眉眼笑成一座迷宫。

孙子在那张迷宫上用手缓缓指着，这是山，这是湖。

那明明是鼻子和眼睛。

对，这是山，这是湖。

他应着，拉着孙子的手，亲了亲。

抱在怀里的孩子，眼看着又在长大了。

“爷爷对我最好。”孩子说。他记得，当年自己骑在爷爷的脖子上，看马戏表演，在新年，逛街市，买糖葫芦。

转眼间，生命走到这样的尽头。

那个唠叨的老太婆呢？他把菜往她碗里夹，生怕她坐在桌子的另一端够不着，生怕好吃的都被眼疾手快的儿子、孙子吃光了。

空气中，身体是分开的，眼神是分开的，但有一份情感是紧密相连的。

一切都是简单的。简单到，真正需要的不是那么多，只要孩子常回家看看。

真正需要的不是那么多。自己多余的东西也许对别人有用，那就将它送出去，给路过的乞客，或者乡下的穷亲戚。听到捐赠报道，他就去让孩子打听地址，捐出去。

真正的慈，是让心平静如水，理解一切的追求，都是为了与家人团聚，并快乐。那些身外之物，让真正需要的人善用，生活从简之后，生命自然不再累赘。

风——飘逸的姿态

电影《法国中尉的女人》给我带来的共鸣和震撼很大。这个孤独、神秘又倔强的女人，在惊涛拍岸的海边回头一瞥，那便是一眼万年的流连。

自由，是个好理由。爱情，也是个好借口。为了自由，宁可放逐自己，哪里最不容，哪里便是好去处。萨拉如此在受尽世俗嫌弃鄙视的同时，淋漓地享受着内心自由的快感。

这是一位像风一样的女人，她身上有一种不甘被世俗埋没的精神。她虽然是社会中的弱者，但绝不向命运妥协，尽管受到歧视，也依然我行我素。她得知自己的爱人有二心，就毫不留情地断绝关系。她不想破坏别人的家庭，在最关键的时刻选择离开。

女子如风，这样的风，体现在她的风骨上。

举手投足之间，如风的女子总是让人觉得充满力量。

曾经，也与朋友辩论是否应该做风一样的女子这类话题。

我认为，如风的女子，应该有适中的个头，有润玉般的肌肤，也应该穿着随意的T恤长裙，快步、漫步都如徐徐清风。

女友笑，其实，风一样的女子有不同的风姿。她更偏爱中国风：长辫绣袄，飘逸榴裙，缓步移来，如沐晚风。

另一位女友从性情上来评价。她说，风一样的女子，应该是温柔体贴，含蓄含情。待家人，似春风拂面，如春风化雨。家有暖妻，妻如暖风。

此时，有女子从身边经过。看着离去的背影，我们都笑了。

她是一位做事干脆利落的女人，不仅走路是风风火火的样子，连做起事情也是雷厉风行。每每快到检查工作的日子，大伙儿都埋头苦干，她却气定神闲。哦，怎么不忙？

都是要做的事情，晚做不如早做。需要检查的事项，我已全部做好。她那谈笑间，从容淡定的神情，令忙碌如蚁的一群小女子们自愧不如。

我的母亲也像风一样，生活中时时处处都能感受到她的春风化雨，她的爱常常使我们有如沐春风之感。

所有成长中的孩子，都会感受到母亲那手掌温暖的抚摸，也会清晰记得，母亲收拾家务，在厨房操刀练铲时，那种挥洒自如。

那是一个没有诗意的阵地。

可是穿着旗袍、系着围裙的母亲，却有这样一个阵地，将烟火味也沉浸得有声有色。那一扭身、一抬头之间，所有的美都在那些姿态里了。

那是一种轻盈，也是一种娴熟。

如今，母亲的动作越来越慢，洗碗，炒菜，收拾家务，不再是风风火火，却是细水长流的样子。

那样不温不火，不急不徐。

风熄处，尘埃落定。

从一种姿态走向另一种姿态，从一种年月过渡到另一个年代。

我对女人如风，终于有了另一种领悟。那不仅仅是举手投足之间有风一样的速度、风一样的飘逸。

风的内容太过丰富。

有时，风是平和的，那是一种心态上的稳定与淡然，知足常乐。

或许，如风的女人不仅行动上潇洒自如，精神也自由自在。她更了解生活的真谛，在寻常生活中她保持着平凡的愉悦，使自己充实，而不是将日子过得多么奢华或是必须与谁朝夕相伴。

女人如风，用心体会她的来来去去都撕心裂肺；女人如风，她蕴涵造物主的满满情谊；女人如风，不必厌恶也不必留恋，因为我身在其中，仅顺其自然、怡然自得便可。

我喜欢在女人堆里用心欣赏，尤其是在美人堆里。每一阵风经过都是浓淡不一的感受，每一阵风经过都有人向你致意，每一阵风经过都有一种不一样的香味。我痴迷，我陶醉……

女人如风，指神态举止潇洒脱俗。例如：叶圣陶的《倪焕之》描述：“同时她的步态显得很庄重，这庄重里头却流露出处女所常有而不自觉的飘逸。”

有时，风是带有动力的，被风裹挟的事物，顺着风的方向，能一路奔跑。如风的女人，用自己的能力带动身边人，用正能量给别人以正能量。那是一种积极向上的态度。

太过看重物质的女子，是不会如风一样轻松自在的。太过执着于情感的女子，亦不会如风一样轻盈洒脱。

太过沉迷于名与利的女子，怎可似风一般无碍畅快?

女人如风，如春风般和煦、温暖、灿烂；女人如风，如夏风般热烈、绚丽、激昂；女人如风，如秋风般素雅、淡然、充盈；女人如风，如冬风般冷冽、刺骨、呼啸而至。

女人如风，四季交替，不停变幻，来之轻，去之亦轻。

憨——勇敢者的态度

憨是一份天真、一种纯朴。憨态可掬的小孩子或者古佛，都让人喜欢，有一种喜庆，一份纯净，一种厚道的样子。

五月天的《憨人》让人感动：心上一字敢，面对我的梦，甘愿来做憨人，我不是头脑空空，我不是一只米虫……我有我的路，有我的梦……

憨厚的人，总让人放心。憨厚的人，值得信赖。

憨里藏着一份勇敢、一种执着。女人憨态，亦风情无限。

想来“闺中少妇不知愁，春日凝妆上翠楼。忽见陌头杨柳色，悔教夫婿觅封侯”真是道尽“不知愁为何物”的女子，天真烂漫，富有幻想。赏春也带着幼稚无知、成熟稍晚的憨态，如果不憨，怎会省悟柳树又绿，夫君未归，时光流逝，春情易失。

聪明了，才知道悔恨，当初怂恿“夫婿觅封侯”是多大的失误。

怨就怨了，生活依旧继续。

心里有勇敢，憨人成就一份豁达。

憨态迷人的湘云，醉眠芍药裀，那画卷，成就了多少诗人画家灵感喷涌的杰作。

就是她那样心无城府的样子，卧于山石僻处那个石磴子上，真能睡得着，香梦甚酣。最美的是，四面芍药花飞了一身，头脸衣襟上皆是红香散乱。

扑流萤的小扇随意落在地下，落花半掩，群蜂、彩蝶闹嚷嚷地围绕。憨也罢了，还有玲珑心，晓得用鲛帕包了一包芍药花瓣枕着。

让人羡慕透了。醉过的人，这世间有无数，能醉得这样美，睡得这样憨，这样心无城府的，唯湘云莫属。独爱她这份憨态，勇敢而恣意。

若你是看客，可会爱上这样的图、这样的景、这样的人？

连她那嘟嘟囔囔的醉话“泉香酒冽……醉扶归，宜会亲友”也惹人疼爱惜怜。

读过《红楼梦》许多遍，一直喜爱黛玉的凛冽，风骨中透一丝凉薄。她的心其实是滚热的，只是宝玉配不上这样的真情。

若她有湘云这样的憨，生活中会多了更多快乐。我一直在想。

憨才好，是心意明媚的，行动亦不犹抱琵琶，举手投足的旷达，不是出世孤傲，而是一种入世的情趣。

结识了慧儿，她总让我叫她姐。在文学驿站学习，我们前排后排，就这样偷偷发短信聊天儿。她不愿意听讲座，便眯着眼打盹儿，然后，轻微的鼾声不觉间响起来。

这个女子多憨呀，那姿态，和湘云像极了。

不了解的时候，仅知道她是一位写诗的女子。便想，有诗心的女子都是才华横溢，但通常太多情、太纯粹，怕是隔了人烟，活在真空仙界。

实则非然。

细而弯的眉眼，圆圆的脸，笑起来，整个人都浸在一种甜甜的福窝里似的。

不，你还没有见过她兴奋时大块吃肉，忘形时挥拳拇战。竟然还是一个享受的小主，不拘于服装的约束，随意搭配，都是自然。

她提着单反相机，一路走一路拍，无论是火锅店，还是路边的花、秋日的落叶，都成了眼中的风景。

喜欢她的豁达洒脱，顾盼间神采飞扬。

在去徽州呈坎镇采风的时候，一晃眼，这个憨女人，就混迹在当地人中间，畅所欲言，交谈甚欢。

每见她妩媚中沾染着那种市井味儿，就惊讶于书香门第、出身世家的女子，原来也可以这样让人心旌摇曳。

总在心里爱怜地骂，这个憨女人。

心里却是喜悦。这样的人，与人相交一片本色，无功利之心。身为女子却有男儿的豪爽与开阔。

能够接近，能够喜欢，似春风般掠过我们视野的她多让人难忘，慧儿却不自知。

继续走自己的路，继续憨憨地笑谈，继续写那些高雅的文字，把玩生活中所见之物。

她不会见风落泪，她是一杯酒，暖暖地温着你的心、你的肺，回头来，让你陶醉于她的风度，而浑然忘却她只是一个小女子。

微信上，我也常去逛她的空间。她会秀朋友送的紫色真丝纱巾，也会时不时出一些古怪的题目，或者记录初冬与一只猫相遇的瞬间。

男人大抵不爱这个词，憨得老实，憨得无用。

其实，大智若愚的憨，你怎么懂什么叫真诚善良，什么是单纯中显示出来的大度，什么是心无杂尘，人似璞玉。

做人，憨一点，保持纯真，保留本性，总是好的。

娇——最是那一低头的温柔

最是那一低头的温柔，像一朵水莲花不胜凉风的娇羞，道一声珍重，道一声珍重，那一声珍重里有甜蜜的忧愁——沙扬娜拉！

一个男人，遇到一个低首含羞的女子，过目不忘。别离也别得那么甜蜜，带着忧伤。忘不掉的是什么？不是一个女子的容颜，不是一个女子的身材，仅仅是那低头之间不胜凉风的娇羞。

娇是一种柔弱，带着宠和溺。

典故中，东施效颦，连病都病得让人爱怜。所有美好的词，都是给美丽女人的。东施何罪？却偏偏成了笑柄。

会撒娇的女人，从来都不缺乏疼爱。其实，也不是每位女子都这样娇滴滴。现代的女性，娇弱少了，总和男人一样能担当。所以简洁，所以强悍。

但骨子里，哪位女子不想：“几度试香纤手暖，一回尝酒绛唇光。佯弄红丝蝇拂子，打檀郎。”

哪位女子内心深处，不是希望有一棵大树可供倚靠？就算不倚不靠，也要娇。

娇妻让人眼前总幻想出西施或者小乔的样子。

清晨起来，淡淡新妆，盈盈娇态，谁道荷花？

某日读书，一段话映入眼底。有无聊人士问蔡澜：羊肉那么膻，你吃它干啥？蔡澜答：羊肉不膻，女人不娇，有啥意思？

又如黄任中回忆陈宝莲的时候老泪纵横："我初见她那时候，她好美，美的同时，又好娇。"如此娇滴滴的女人，才能吸引一个人长久的呵护欲。念叨着她又娇又美的模样，瞧瞧，那思慕的人，一边流着泪水，一边沉醉在痛苦又甜美的思念中。

也有女友，长得粗犷，个子很高，身宽肩宽，像是能独当一面的女人。偏偏委屈的时候，还是会肆意流泪。

突然明白，娇，是每一位女人的专利。不管她面如西施还是东施，也不论她体若赵飞燕还是杨玉环。

在常州恐龙园，看到一对小情侣，女孩子拉着男孩的手，轻轻地摇，男孩爱怜地挽过她的手，陪着她，坐在画师的面前。轻抹细描，脸上有了诡异的彩绘图案，她转过脸瞧向男友，目光里都是兴奋。

幸福洋溢，真可爱。

那的确也是一种气质！看一个女人幸不幸福，从她的言谈举止中就很容易感觉到。

不，这不是最让我瞩目的。

夕阳里，一对老人在花下共捧一本书，老太太斜斜地倚在老伴的身畔，脸上还有小女孩一样的单纯，老男人轻声读书给她听。读的不是书，是一种宠。由宠而来的娇，娇得高贵。

幸福的女人无论走多远，走得多累，在她的眼神中、仪态中、言语中、文字中，永远都抹不掉一种优雅、一份灵透、一场婉转、一泓深情。拥有幸福气质的女人，拥有这世上真正的美丽！

媚——醉在眉眼盈盈处

妲己足够媚，才使商朝灭亡，总算有祸首可指了——自此有了祸国殃民之称的坏女人妲己，真的是她的错?

杨贵妃也足够媚，于是有了“回眸一笑百媚生，六宫粉黛无颜色”。亡国的时候，又直指她。马嵬驿之死，她死不瞑目。

媚，是女人中的女人才有的风情。媚，是从骨髓里透出来的光亮。它似烟如酒，或者大丽花，媚是电影《青蛇》里，化身为人的青白两蛇学步的姿态。

媚是一种风情无限，却不解风情的态度。

“妩媚纤弱”也好，“烟视媚行”也罢，谁不说，女人的万千风情就全在一个“媚”字。

媚，比温柔更柔，比狐媚更媚。

媚不是眼神中恣意奔涌的泪水，而是盈盈欲滴却始终不落的楚楚可怜。

媚不是小鸟依人时的娇软无力，而是明明依着人，却又让依的人捉不着而着急的自我独立。

媚，比娇更娇，比甜更甜。

它妖娆却又清纯，它甜美却充满诱惑。

我爱足了媚态女子，蕙质兰心，灵气袭人。如果你不独特，该如何获得他人的青睐?

媚态，不是脸上的妖娆，亦不是色心顿起的勾魂夺魄，那媚态的女人一定要有一双含情眼，会娇嗔，会委屈，会发怒，会说话。

媚女人是性感的，像丝绸一样轻薄柔软，像巴黎香水一样令人意乱神迷。

但性感并不意味着非得穿着暴露，《聊斋》里每一位狐狸精都是娇弱可怜的、瑟瑟发抖的、楚楚动人的、小心翼翼的……跟书生混熟了之后，才开始若有若无地勾眉搭眼，欲迎还休，嚼槟榔唾檀郎，围着圆桌一边跑一边笑。

因媚而美，因美而媚。

媚，有情才媚得起来，眉眼处，处处传递着欲说还休。

东施永远媚不起来。对不起，媚，是挑人的。

长相好，也未必有媚的气质。空而无当，倒不如内心丰腴。表达无方，倒不如侧耳倾听。

“醉里吴音相媚好”的温馨，“我既媚君姿，君亦悦我颜”的彼此欢喜。

媚，多美好。腮边一抹红，吐气如兰；发上青丝垂，雾鬓风鬟；举手处，皓腕香雪；移步起，莲步轻移。无论怎样，都让人觉得暗香浮动。

武则天被封为媚娘，那是男人对女子多么疼爱的称呼，亦是多么高的宠溺。

媚也媚得好看，那是明媚的女子，一举手、一投足、一句话、一个眼神，都是女人味。有你的地方，大家觉得视觉上是享受，听觉上是享受，感觉上舒服而轻松。明媚，原来是用美好照亮了别人。

如果说，误国的总是媚女子，而不是庄重女人，那么只能说媚女子的女人味本就是真正的女人味，谁不爱？

只是，媚也有年纪。那个年纪叫青春。

媚，有一种命运，叫毁灭；媚，有一种法术，叫诱惑；媚，有一种表情，叫眉眼含情。

在爱里，在男人的眼里，他心中的那个女子，都是要多媚有多媚，要多好有多好的呀。一起毁灭，才可以重生。

在媚的女人身边，去醉，去毁，去重生，那是件多么美好的事。

飘——仰望幸福的高度

女人要飘一些，飘，是飘逸的姿态。

我喜欢夏天穿着长裙的女子，戴着草帽，静立处，风起时，层层叠叠的，风起云涌的裙摆，像花一样开放。行走时，更是袅袅婷婷，妩媚得不得了。

我也喜欢爱花的女子，从玫瑰到野菊，花无论出处，朵不分大小，只要生机勃勃地开着，就是令人心怡的美丽。如花的女人，在花丛中，状如蝴蝶，姿态如“翩跹”一词，美得入木三分。

这样的飘，其实并不是我羡慕的。

飘，是一种自由。

自由如云朵，随着心性，飘移到天迹的任何一个地方。喜欢安妮宝贝，喜欢她的《莲花》。喜欢她这位一直能够让自己飘起来的女子，那是在路上的感觉。

在路上，无论是山长水远，还是灯红酒绿，都让人成长。

纪善生与庆昭前往墨脱的路上充满了艰难险阻，一路经历着许多城市乡村都无法面临的危险情况。安妮宝贝的描写与叙述总能让人身临其境。

于是，我也喜欢上墨脱这个地方，总觉得，那个远离尘世，让世俗之人无法接近的地方，近乎神圣。能够抵达，需要毅力和勇气。主人公不畏艰难地走过一道道阴霾，穿越风沙，划破手掌，坚定地走下去，一直到路的尽头。

这些，不仅是主人公的行走，也是安妮的行走。她的行走，让文字有了魔力，她的行走，让更多人懂得有爱的地方永远有温暖。

登山运动也是一种极限运动。征服高山，是向生命极限挑战后的一种重生。

飘，不仅仅是一种姿态，还是一种追求。

报道上说，一位女子登山时坠崖。生命在结束的同时，身体像羽毛一样飘落，像云朵一样飘起，自由的精魂找到了同伴。

她的离去，我起初叹息，然后肃然起敬。

超越过自己生活存在的空间，去寻找另一种征服，另一个心灵家园，不是每个人都有这样的勇气。让自己飘于天地之间，不是每个人都有这样的能力，让生命以一种壮阔的姿态完成她的仪式。

飘，多好的字眼。

不是眼神里的飘而无神与浮而不定；不是性格上的此起彼伏无法捉摸；不是气质上的出尘隔世；不是性格上的轻浮不稳。

飘吧，让身体听从心的指引，向着自己所要抵达的地方，以自己的方式，碰触，抚摸，或沉于其中。

或许对自己来说，这是一种过程，一份完美。

在宅女日盛的今天，让心灵飘一阵，意识在浮游中感受另一种深邃，另一份完美。那需要多么自由的灵魂，才会使生命阔入无限的世界，完成内心深处的一种抵达？

强——让骨子里都塞满正能量

我曾在电视节目里看到一位母亲诉说，她的孩子非常优秀，从小就非常懂事，学习上也一直一路领先，最后出国留学。所有人都羡慕她，可是，孩子却在最好的年纪，最美的年华，选择了自杀。

太累了，压力太大了。孩子没有寻求帮助，而是选择了放弃生命。

更多人选择了同情，同情这位母亲。

这位母亲起初是恨的，恨自己的孩子就这样不辞而别。但她依旧战胜了心理上的恨与痛，让更多人去习得教育的经验，以自己教育的失败，给天下父母以警醒与帮助。

是一种强大的力量在支撑一位母亲，让单纯的母爱无限放大，为更多孩子的未来，她可以将自己的痛再一次温习。

也看到另一位女性六六，从《蜗居》横空出世起，她就摇身变作一个风云女子。在她的笔下，国事与家事的真实生动无不令人惊赞。她一直以为，婚姻幸福常在，却没想到，自己也遭遇了婚变。

那些过去，只是过去，没有因为婚变而六神无主，没有因为爱不在，而自暴自弃。回顾过去为夫为子为父母奋斗的十几年血泪史，没有怨言吗？有又如何？

与其沉迷过去，不如放手继续搏击。

坐看今天手持上海绿卡，收入翻 N 倍，考入中欧商学院进修的成就，六六感激岁月把自己酿成了一杯红酒。她把自己的经历和对女人们的奉劝整理成集，于是有了那部最霸气的随笔集《女不强大天不容》。

强，是一种修为，必然经过种种历练。

不卑不亢，从容优雅，面对一切。

强，不是强势，不是独断专行，也不是以自我为中心；强，不是钢或者铁，不懂弯腰——强，是一份独立，是一种坚强。

强，更是一种勇敢，能使自己内心拥有乐观向上的正能量。

勇敢的女人，永远比懦弱的女人美丽。独立的女人，总是更容易在挫折来临之时，从容面对。

或许，勇敢面对，好过懦弱的纠缠；或许，善于妥协，并不是唯一出路。不要做女强人，但对自己说，做一位内心强大的强女人。慎重，感恩，但绝不输了自信，也绝不输了自己的未来。

朋友是位全职太太，爱家尽职，都说她是贤妻良母。这样的贤与良，并未使丈夫心怀感恩，反倒是更看淡、看轻她所付出的一切。

女友说，这样的生活，已经可以看到一辈子的尽头了、一辈子走不出家的范围，慢慢变老，这哪能甘心?

于是她在空余的时间，开始读一些美容方面的书，并把自己收拾得干净美丽，透着阳光，面带微笑，使人容易接近。她无论是去菜市买菜，还是去学校接孩子，总有一些女子向她讨教一些经验，怎么可以保养得这样好? 所见之人都会不停地向她取经。

朋友起先在家里开起了一间小小的美容会所，没想到，会所越开越火，来讨经验、做美容护肤或是来听讲座的人，越来越多。

把兴趣爱好发展成自己的一项事业，美丽了更多的女子，家庭也越过越红火。

或许，女强人，之所以强，原本就因有一颗坚强的心，使自己如一棵高树，接近云端，所以美丽。

情——欢合悲离，我是客串

她不停地打电话，追问他，你在哪里。

他回答，我在应酬。或者说，我在与朋友谈事情。她又问，和谁在一起谈事情？他就很生气地说，你为什么要知道得这么清楚，能不能给我一点自由？一切都非要在你的掌控范围里，累死人了。

她便不依不饶。他回家后继续追问。

当初，你追我的时候，为什么不说累？

当初我去哪里，你跟到哪里的时候，怎么不说累？

当初，是谁宁愿忍受着夜露与蚊虫，在我的窗下唱起小夜曲？

这些，原来都不是真的吗？

那时是那时，那时，追与求，是一种获得的手段。如今，不是已经获得了？感情也不是一天两天，都这些年下来了，你怎么还不清楚？我们过的是婚姻生活，现实点。男人又说。

可是，我们本来不是成双成对的吗？我们本来不是这样彼此信赖的吗？本来那么好的感情，怎么成了这样？你到底爱不爱我，爱不爱？

你闹吧，闹够了再说。男人干脆离开女子的追问，留下一道响亮的关门声，绝尘而去。

谁许诺说地老天荒？她哭泣，无助，又舍不得放下。

怎么可以？没有矛盾，没有纠结，却越来越远，远得像天边的星。

触摸的温度是热的，而与心口相对的那个地方，似乎冷了。

离婚，提到日程。她是下了决心的。

他说，先冷静一下吧，冷静一下，想好了再说。

她寻闺密出主意。

怎么办？这婚离不离？这男人，还要不要？这家，还要继续维持下去吗？

看他的表现，闺密出主意。他不是爱玩吗？你也不要回家，看他找不找你，看他是否在意这段感情，看他对这个家是否在意？

不出三天工夫，她的手机、短信、微信、单位电话纷纷涌来。他在找她，是牵挂她的。明明知道，闹归闹，闹过之后，总要回家。他去接她。

他们在阳台上品茶，聊天，脸上春意浓浓，根本没有离别的悲伤。他看到了另一种情调，附在女人身上，使她像个精灵。

是吧，原来那位刁蛮的女子好像一下子醒悟过来，给你自由。她对他说，我自有归处。

他冷眼瞧着，那个会哭会闹会缠他的女人，也可以在阳台下聊天品茶，也可以找朋友对饮红酒畅谈人生，也可以端坐在电脑前，安静地写自己的文案，投入到集中精力的工作中。

她简洁，她干练，她感性，她也憨态可人。

她的哭与闹，她曾经的那些胡搅蛮缠，何尝不是另一种小女人姿态？

有情的女子，才有了诸多可爱之处，情也开始定了格调。

对不起，我不再是那位追你缠你的小女人。我要把注意力集中到工作中，集中到生活里，而不是集中到一个不再关心、呵护我的男人身上。

她在自省，也在告诫他。

案上有书，闲时翻阅。

水仙在青花瓷的盘中，优雅地绽放。

她的头发用精致的发钗别好，得体的裙装，优雅从容的语调，使她的美丽蕴含着深层风韵。在都市流动的喧嚣中，她原来也可以悠然地提炼着宁和静，气质和风度中自有一种超凡脱俗的干练。

当她不再一哭二闹三上吊的时候，他却好像突然失去了什么。

当她不再将目光转向他的时候，他的目光，却回转，定格。

原来她依旧似一幅画，赏心悦目，令人回味无穷；她依旧似一首歌，余音绕梁，令人充满遐想；她依旧似一本书，耐人寻味，令人百读不厌；她依旧像一盏清香的茶，品尝过后是回味无穷的芳香。

只是，她在对他的约束、追踪的过程中，早让那些情，化成了伤人的剑。逼得他节节后退，退无可退，只好转身逃亡。

她对闺密笑，笑的时候，气质优雅、仪态万方。

情这一字，原来是绕指柔的功夫呀。悲欢离合，看清看淡，其实，失去什么也别失去对生活本身的热爱，这是一件多么美好的事。

望着她的笑容，曾经有一种担心，终于似尘埃落定。

问世间情为何物？或许，欢合悲离，我是客串，不执着，不忘我，有时这是一种救赎，救活婚姻，救活爱。

柔——穿透铁的力量

一直不懂，为什么那位长得并不漂亮的婷玉，会是她先生眼中的宝。每天出门必关照路上小心，早点回家。每日下班，总会去接她。并且，每逢节假日，别的女人就看到婷玉的桌上摆上礼物和鲜花。

这样矫情，矫情得让别的女人简直没法活了。

假相吧，男人讨好自己的老婆，并不都是真心的。有些人在背地里悄悄议论。

但谁也没有说破。

婷玉虽然不漂亮，可是，岁月好像也没有对她进行过魔法改造，在她脸上连皱纹也看不见，五年，十年，还是那样一位甜美的小女人。并且，随着岁月的洗涤，倒是越发显出女人的那些性感，那些恬静，那些柔美。

单位里，有些婚姻过得稍不如意的女子会向婷玉取经。

“婷玉，你是训夫有术，说来听听你是如何打好婚姻保卫战的?你怎么可以做到这样淡泊，这样从容？”

婷玉含着笑，她回答的话，让人觉得像没问一样。她说的话，等于白说。

“我没什么高招，只是对先生一直很温柔！”

“温柔? 谁不会。说话嗲得要滴出水来的女人有。对男人的话，说一不二的女人也有。温柔，不就是不抵抗、不反击，对男人的话视若神明，听之任之？”

“不，不是这样……”

温柔的女人，并不仅仅是对男人体贴。她必将有一定的文化底蕴、修养层次、人生阅历，才能够练就一颗淡定明朗的心，才能烹调出醉人的味道。

朱自清先生有过这样一段对女人的描述:“女人有她温柔的空气，如听箫声，如嗅玫瑰，如水似蜜，如烟似雾，笼罩着我们，她的一举步，一伸腰，一掠发，一转眼，都如蜜在流，水在荡……”

温柔的女人，嘴角的微笑是半开的花朵，里面流溢着诗与画，还有无声的音乐。

温柔说起来，只是一个词，但这个词里，却有无限内容包涵其中。

女人，既端庄优雅，又不失妩媚妖艳；既矜持含蓄，又不失性感激情。

其实，女人的柔，是一柄削铁如泥的剑。所有男人的雄性气质，在温柔女人面前，都会化成一汪水。

再仔细想想婷玉，也难怪她这样得老公宠，这样得同事的喜欢。

她对每个人都很温和，从不进行尖厉地辩驳，在人际关系上，总是待人体贴。那份体贴，也恰到好处，不让人觉得不妥，也不让人觉得非分。

对工作感到有压力的同事与她交流，很快会明白，有压力的同时，也有动力。

感情受挫的朋友在与她交流时，便会理解，感情这东西，不是抢来的，也不是等来的。真诚的关爱，包容，理解，在两情相悦的基础上，要共同进步，而不要倚靠其中某一位。

诸如此类，她竟然通晓这样多。

她的内心，如此透彻。

温柔是一种能力，冷酷自私的人学不会它；温柔是一种素质，它总是自然地流露，与人性同在，藏不住也装不出；温柔是一种感觉，所有美丽的言词也替代不了的感觉。

温柔的人，内心必然善良。

因为心有善根，才会体谅，才懂关怀，与人交往才会有和蔼平等、贴心的感觉。这样的人，谁又不喜欢？

朋友到婷玉家聚会，问及她先生，怎能做到多年如一日的不倦，连审美疲劳的感觉都没有？

答说，有些爱情在两人之间，时时都有欣喜和钦佩。

想想，一个男人在受挫折的时候，有一个女人能够去理解和安慰他，使他信心倍增，和这样的女人在一起，怎会不觉如沐春风？一个女人，应该用她的温柔，帮助男人减轻压力，而不是加重负担。

有时，她用自己的目光，让男人闭住嘴停止滔滔不绝的高论；有时，她用话语暗示，不要咄咄逼人，要学会给别人留下余地。这样的女人，不会自作聪明花样百出，不会太张牙舞爪诡计多端……

她看上去很普通，可是在一起的日子，却时时刻刻都能感受到那份广博，那份心灵的丰富，那种滋润人心的力量。

温柔并不是女人的专利，男性也可温柔。谦谦君子，温而如玉，这就是男性的温柔。

当代无论是男人还是女人，那份温柔并不是过去那种一味地顺从和屈从，而是一种充满智慧的默契，是建立在平等基础上的温存体贴、宽容和贤淑。

润——时间修炼出的美玉

关于女人，有人说，女人要如水那般灵动，才会让人动容。

品之有味，闻之有香。

有人说，品人如品水，品水如品酒。

更有人说，女人如酒，或是陈年佳酿，那是历经世事的女人，越喝越有味；或是当年新酒，喝个新鲜，喝个畅快；或是当头烈酒，直爽豪放；或是清新淡雅，后劲十足，回味无穷。品酒的最高境界便是品水，故此，说来说去，女人还是水做的骨肉。

起初觉得，对女人用这样的比喻也是无可厚非。但有些女人，仿佛天生就是一只“野猫”、一只“猎豹”。

结识过一位姑娘，那时候她很野性，真是野得不得了。

她骑着摩托车，长发飞扬，把白皙的皮肤晒成古铜色。甚至，常和男生一样，去爬山，去蹦极，去做一些非常锻炼人耐力的户外运动，比如极速滑雪，比如骑自行车进行长途旅行，等等。

当年，她做过许多冒险的事情，当然，也做过许多出格的事情。但，这些冒险，那些叛逆，甚至一些不为世俗所容的特立独行，渐而也不再被别人误解。

误解多了，就会明白，她就是那样一种人，她就要那样的生活，有着自己独特的体验和感受，不要把她与寻常女子去相提并论。她或许投错胎了，前生没准是个小伙子，这辈子心还没归位呢。

熟悉她的，也就这样说几句。

随着分开的日子越来越久，这个姑娘外出读书，在外工作，在外地成家立业，渐渐地，就被大家淡忘了。

掰着手指头数数，真的有很多年没有见过彼此了。

曾经偶尔会在心里想起这样一位，有勇气与世俗眼光抗衡的女子，感叹她活得真勇敢，总是那样任性，那样敢作敢为，好像谁也没办法左右她。

她现在在做什么呢？是不是总不停地换工作，是不是还那么喜欢出去旅行？是不是还那么独来独往，不与人同行？

她的皮肤是不是依旧那样闪着亮的古铜色？她与人交流的时候，语速是不是依旧快得不得了？她是不是依旧整天静不下来，总想把生命放逐在一次又一次冒险似的体验中？

很多年以后，一个偶然的机会，再次遇见她。

我几乎没有认出来。她变得面貌圆润，并且神态悠闲。比十几年前的她，要胖了许多，让人想到一个词，珠圆玉润。

倒是她先与我打招呼，唤我的名字。坐在一起喝茶，聊天。

问及，什么时候回这个城市的?

她说，有点事情要办，办完事闲下来，总还喜欢在这个城市随意走走，随意坐坐。那些回忆，那些过往，就这样一点一点浮现在心头，好像在心头过一场老电影一样，那样真切，那么令人回味。

我们不由得又说起了曾经的那些少不更事的时光。

她浅浅地笑，说其实那时候，她是一个多么渴望被关注的孩子。

父母在她很小的时候就离异了，母亲忙着嫁人，父亲忙着新家。母亲总是恨恨地说，如果你是男孩子多好呀，可以跟你爸爸去过日子，省得当娘的心都操碎了。

那时候，她就以为，女孩子是一种拖累，于是总是往男孩子的方向去努力，过得很辛苦。时间久了，就麻木了，包括头发总是剪得短短的，从不穿裙子，永远是穿牛仔裤、运动鞋的样子。

她说，那时候的自己，粗糙得像一根木柴。

内心多么羡慕那些穿着公主裙的女孩子，多么羡慕那些能被关心的人，那时真想让自己能够像其他女孩子一样被宠、被呵护。

婚姻改变了一切状况!

她说，男人当初是对她心生怜意，或者是想改造自己，反正是看出了自己那酷酷的外表之下，必是有一颗最柔软的心。

总之，当男人给女人足够的尊严、呵护及关爱之后，女人那些支棱着的像准备迎接战斗似的羽翼都服帖地收拢了起来。

好的婚姻，好的爱情，总是让女人找到自己内心最本真的一面。

眼前，这位进入不惑之年的女人，好像是一个陌生人。

我总问自己，是不是认错人了，这真的是她吗？那个烈烈的、不羁的女生，如今竟然这样浑身散发着宁静，散发着温和。有一种磁场在她周身游荡，使人不由自主地愿意去倾听她的话语。

好女人，不过就是随方就圆，给人一种轻柔宁静的感觉。她的眼睛依旧纯净，清水出芙蓉，天然去雕饰。

谈及理想，她说，每个人都有自己最好的追求，如果你找到了，就一定要坚持。

比如她，喜欢起了设计各种服装，然后自己就开了一家店，开始为别人量体裁衣。并把自己当模特，做出简洁大方的各种款式，渐而顾客盈门，品牌做大。

如今，她已开了几家服装连锁店。服装的设计，裁剪出的款式，都会根据每个人的气质、身材，甚至脸型来设计。

当那些女子在她的打扮下越来越美，从服装的搭配到个人气质，许多女人因她的设计而更有特色，这是一件多么有趣的事情呀！

说起自己的事业，她滔滔不绝，甚至眉飞色舞。

此时，她举止投足之间，尽显一位女子如玉的本色。水润透明，毫无杂质。内心洁净，清香四溢。赏心悦目，既能悦己又能悦人。

都说“女为悦己者容”，这个“己”首先就是自己。“悦己”与漂亮无关，而是发自内心的喜悦之情。

女人温润如玉，更显得韵味十足，可以由内而外散发出浓浓的女人味。像她这样的女人可以不漂亮、不惊艳、不性感，甚至有着那么多复杂的历史。但那些历史，却形成她独特的气质、深度、内涵以及越来越有鉴赏家的品位，优雅高贵。

此时，看到她，只有一个字可以去形容，“润”最恰当不过。

女人的润，是由时间修炼出来的，有如玉般的质地。高雅和低调，尽显内在的光华。这样的女人经过岁月打磨，抛光，经过风雨洗礼，最终走向阳光，并周身祥和温暖。

润，由内而外地散发着光泽，气质非凡，光彩照人，是越成熟越有味道，越成长越显高贵。

涩——一枚青果儿

我曾因为追读朱德庸那最脍炙人口的《涩女郎》系列作品，而成了沙发上的土豆。每一篇，每一节，读过之后，都要唏嘘一番，思索一番，认同一番，感叹一番。

漫画中的一幕幕都是现代都会男女的缩影。

作品里有鲜明的四个角色：一个要爱情不要婚姻的“万人迷”，一个要工作不要爱情的“女强人”，一个是什么男人都想嫁的“结婚狂”，一个什么是男人都想不通的“天真妹”，各自代表着都会女子四种截然不同的爱情观与人生观。其实何止这四种呢？

如今剩女都成了“齐天大剩”了，什么也不怕。她们周游在人迹圈中，过着自己觉得很舒适的生活，不会因为找不到如意郎君，就随便挑个人嫁了。

至于屈就一下，实在不行再离婚好了，那些想法早已经远去。

她们真是淡定，很无敌。她们可以左右逢源，也能在社交圈中游刃有余，真是“白骨精”呢。

但她们可不是天生的圆滑流畅，无论是感情，还是婚姻，亦无论是见识还是阅历。

人生，需要打磨。

唉，还是怀念当年那些时光。只有在夜深人静时，在灯火阑珊处，在一杯红酒家万里，月是故乡明的中秋，才会想起那些曾经的青涩时光，怀念青春年华时光与朋友闹的小别扭。

初恋，那些不懂事，那些任性，那些矫情，甚至那些心高气傲，无视一切的清高样儿。虽然如今长大成人，可总会忍不住想起曾经，想着有些可笑的过往。可是细想，又何尝不可爱呢？

涩有涩的青春味，涩有涩的美好年华。

那时的涩，最美大抵是羞涩吧。

身体渐而发育，不敢抬头挺胸的羞涩。

遇到心怡的男孩子，连正眼都不敢瞧，却偏偏会在那些他经过的路口，装作偶然遇到的样子。为对方那不经意的一眼霞飞满面，心跳如鼓，咚咚，咚咚。

诗人泰戈尔说：美的东西都是有色彩的。羞涩来自害羞，是最天然、最纯真的感情现象，是一种特有的魅力，是女人的美德之一。

已经很少见到会羞涩的女人了，甚至连女孩也被培养得自信无比，坚不可摧，比男人更谈笑有鸿儒。

可是，还是喜欢涩中的那个小小章节——羞涩。

红晕飞扬在双颊，微微低下头，声音轻柔曼妙，像清晨露珠中含苞欲放的花儿那般娇羞美好，让人不禁驻足欣赏。

也有一些性情与羞涩无关，像是青涩的小果儿，酸的酸，硬的硬，脾气来了，可以酸倒你的牙。

那些涩涩的心态与样子，真是初生牛犊不怕虎呀！那是最初的不知天高地厚，是刚入江湖的剑客，自以为可以成为路见不平的大侠。

那些涩，那么不够圆滑变通，却是天然的，是纯真的，甚至是简单的、真挚的，那也是值得信赖的感情呢。

涩的样子，是青春痘还没去掉的脸。涩的行动，或许有那拯救天下苍生的心，但却只有打酱油的命。

因为青涩，因为不够圆滑，所以会让人感到踏实，会给人营造一片纯洁的圣土，让人身心放松，享受到特有的清纯和宁静。

当青涩已过，回想那一个审美迷乱的时代。曾经朝新夕旧，永远不知新潮的前沿在哪里，就像我们不知道电话号码还要升位到多少，列车是不是还要继续提速一样，无法预知。时刻被迷乱着。

翘起来无限长的加密睫毛，液体眼睑，棕榈海滩色面颊，烈焰红唇和野性乱发。这样野，内心不知道什么为美，却拼命追求那些与众不同，那些个性，拼命装出很老练世故的样子。那些咄咄逼人，何尝不是涩涩的。

你读懂了，这个涩涩的年轻人。因为年轻，因为要成长，所以成长过程中的小姿态，哪怕不好看，也会被原谅，也会被理解。

魅力辞典里很少会对一个女人的涩，做过多指点。

因为不够成熟，所以只是一块毛石，反射着原始的质朴与纯真，却十分美，却可以塑造出多少未来的样子？

因为有梦想，一切都充满希望，那种力量，那种憧憬，那些面孔与姿态，那些闯劲与勇敢，多么令人敬畏。

淑——镇宅女人的风范

《诗经 · 周南 · 关雎》里描述：“窈窕淑女，君子好逑。”淑，是对贤良美好的女子最恰当的赞赏。

淑女也曾是明清时期宫人的一个等级。

至于衣服，也有淑女装。穿起来，就是那种保守中见女性温柔气质的装束，配上女子温婉的笑，大方的举止，从外表看，就是淑女一枚了。

外表打扮成淑女，倒不是问题，只要符合人的视觉标准。但真正的淑，却是一种修养、一种美德，融入在个性中。随着举止不由得像水一般漫出来，浸泡你却不冲击你，沐浴你却不烫伤你。

一直觉得，同事中，海韵就是淑女的典范，不仅谈吐优雅，连微笑和声音都十分甜美。她是单位里的工会主席，谁过生日了、该送贺卡及生日祝福，她第一个想到。哪位同事生病了，她也一定会抽出空去探望。工作中，总能想人之所想，及人之所及。

高挑的身材，美丽的容貌，精致的服饰，无论从哪方面讲，她都让人觉得有大姐大的范儿。

当然，海韵也会在自己的空间里写一些生活随笔，记录生活种种。那些随笔中，流露着对生活的热爱，那是怎样的情怀呢？

去她家做客，干净的居所，优雅的布置，一尘不染的地面。居家女子的勤劳，透过这一桌一几，便也可见了。

几个朋友闲坐在阳台上，翻书，喝茶，谈电影，谈人生。

这是怎样的女人呢，让丈夫安心，让朋友暖心，让孩子贴心，让父母放心的人。她是家中那个梁柱，又是阳台上那盆开得正好的花。

我们聊天的时候，也会打趣，“世间没有十全十美的人，凡人皆有长处，也难免有短处。”“怎么没有呢，遇到难关，也会一个人偷偷掉眼泪。”“也会在某些时候，觉得生活辛苦，活着不易。”“也会怒、嗔、怨。”

原来，最淑的女人，也逃不掉人间的烦恼。

“可是，我们自己已有烦恼，却将这些烦恼带出来，污染了别人的心境，多不好。应多为对方着想。”海韵一句话说过，我们皆无声。

“入乡而随俗”“入境而问禁，入国而问俗，入门而问讳”。或许，真正的淑女，不是要多美丽，多有气质，而是理解人、尊重人、讲文明、有修养的表现。

就是这样吧，一个女人，如果没有了大气，再多魅力也会变成俗气，贤淑通达就无从说起了。

做女人还是要大气。大气，是淑女的利器。

大气的淑女可以略施粉黛，也可以素面朝天；可以华衣美食，也可以箪食瓢浆；可以安居广厦，也可以寄居茅舍；可以颐指千军，也可以举案齐眉。

这样的女子，既不会为了一点蝇头小利去斤斤计较，也不会为了感情的事端，委屈自己。宽容可以有，但必要的时候，也会华丽转身，而不是争风吃醋，弄得鸡飞狗跳，让人见笑。

有媒体介绍说，英国人心里的淑女标准中重要的一条是：注意修养，举止有仪。并举“秘书族”的淑女为例，说她们大多出身名校，忠于职守，默默工作，礼貌文雅，生活简朴，对同事不说三道四，对上司不巧言令色。

大诗人乌尔曼也说过：“年年岁岁只在你的额上留下皱纹，但你在生活中如果缺少热情，你的心灵就将布满皱纹了。”

无论如何，有淑女做朋友，会让你变得心胸宽广；有淑女做红颜知己，会让你变得轻松愉快；有淑女做员工，会使你放心委以重任；有淑女做老婆，那真是个宝，有这样的女子伴随左右，镇得住宅子，安得住家。与这样的女子交往，心灵上怎会乱生杂草?

只是淑女又何尝不是“书女”呢？没有历练，哪得钻石？

如果把女人比作珠宝，那么淑女，就是一枚闪耀着璀璨光芒的钻石，论耀眼非她莫属。

甜——笑容里最美的态度

不像《我为玛丽狂》那么荒诞，没有《霹雳娇娃》的咄咄逼人，她洗净了一切铅华，只剩下一个女人最甜美的部分：青春、热情、风趣、真诚、对爱执着，此外还有性感。

这让我想起了我最好的朋友，一个为爱放弃学业，放弃事业，甘心做个幸福小女人的Cameron。

甜美可人的女子，总像糖一样，融化自己的同时，也甜蜜了别人。

或许一个女人的甜，不仅是她那激荡着活力的青春，还有对生活的热情，待人的风趣、真诚、对爱执着。甜，真是一种性感。

“清纯、优雅、甜美、诗意，且具有内涵……”网络上，各式各样的清甜气质美女，总是风行一时。

是什么让大众的目光被她们吸引？甜美女孩，不仅外貌清纯，她们的身上还有种未被社会浮躁之风污染的气质，甜甜的，很是打动人心呢！

清纯女孩总被网友纷纷热捧。美好的词汇，总是用来赞美怡人的女子。“清水出芙蓉，天然去雕饰”，外貌清纯，甜美可爱，怎么不让人心动？

甜，可以透过甜美的笑而传达。爱笑的女子，似甘泉，使人禁不住诱惑，沁润心田；女子柔似水，轻柔的动作，温哆的语气，丝丝透露着柔弱；干净的眼神，观者见其人，而无色心，唯有一份喜悦，一股柔情，化成千丝万缕的线，让心跟着柔软，跟着快乐。

有人有甜美的声音，有人有甜美的容貌，有人有甜美的心灵，有人有甜美的气息。

每一种甜美，都是一份美丽，使人爱慕，令人着迷。

北魏贾思勰《齐民要术 · 种蒜》："蒜宜良软地。白软地，蒜甜美而科大。"

《古今小说 · 杨谦之客舫遇侠僧》："蒟酱吃些在口里，且是甜美得好。"

现代作家冰心在《寄小读者》中写过："我素来是不大喜欢菊花的香气，竟不知它和着玫瑰花香拂到我的脸上时，会这样的甜美而浓烈！"

当然，别忘记，有一种服饰，它的品牌名字就叫"甜美女孩"。

服装也可以将甜美风格演绎得恰如其分。"Sweet Girl"品牌源起于韩国，秉承了日韩的时尚、高贵、典雅，在原有的风格中又融入了创新的风格，完全体现了一种新的优雅、娇俏、美丽、可爱，充分演绎现代女性对自由、浪漫、感性和健康的追求。

想必，甜美也不只是女孩的专利。每每见到杨澜主持《天下女人》这个节目时，总感到她的优雅是岁月炼出的气度。甘甜，浓稠，总是散发着无限美感和内在魅力，传递着关于女人的故事和能量。

女人的甜，并不就是没有个性，也不是只如糖，甜而腻。她同样会具有奔放、热情，同样会令人炫目、愉悦。她强烈，充满活力，是狂野的年轻幻想，她的运动风格与个性风貌绝不抵触。

阳光下，女孩子的长发被风吹起，她眯着眼，对着天空微笑，为路边的行人撑起一把雨伞。甚至，就那么轻松自由地游荡在落叶松下，这些画面无一不让人觉得心被画了彩，被沾了糖。

在平凡的日子，让那些甜美的东西，一点一点渗透，一点一点融化到内心深处。相信，拥有甜美微笑和心态的人，定会有一张甜美的脸。

甜，那真是永不退场的潮流。今天，你做甜美女人了吗？

贤——旺夫的女人经

读唐代诗人王建的《新嫁娘词三首》，我不禁莞尔。

新媳妇是聪慧的，也是急于表现自己贤惠一面的。“三日入厨下，洗手作羹汤。未谙姑食性，先遣小姑尝。”要做贤妻，首要任务是要讨老太太欢喜。动点小心思一想，对，小姑子长期与老太太生活在一起，自然知道老太太的口味，让她先来尝尝。

旧时的婚姻中，女子贤德庄重为上品。

于是，电影里、戏剧中，那些叫妻子的女子，无一不是奉献型的儿媳妇，无一不是奉献型的妻子。

缝纫、做饭、侍奉公婆吃饭，从不打发下人去做。一个儿媳，看起来是扮演着公婆仆人一样的角色。

新娘转眼成了旧娘，接过婆婆承担的一切活计，夫唱妇随。

这样的贤，也只不过是小贤，寻常人家的基本做派。

关于贤妻标准，中国古代早有定论。早在秦汉时期，中国已经有了“贤妻”和“良母”等说法。《女论语》就提出为妻“七莫”

的道德要求，在《列女传》中还有众多“贤妻”“良母”的典范。

有些传统遗留下来的古训，也未必是好的。就如那古代的妻子，贤德与否，主要是根据她能否好好伺候丈夫和家庭而定。

古代的贤妻形象可用八个字来概括：仁智贤明，贞顺节义。

不管是仁智贤明，还是贞顺节义，体现的都是妻子的奉献精神。或为丈夫，或为子女，或为公婆叔侄，集中反映为“三从四德”的伦理规范。

当然，如今男女平等，经济独立，女人多不再受男人的统治与压迫，甚至有网友对“三从四德”也做出了新的解读：“从不温柔，从不体贴，从不讲理”和“说不得，骂不得，打不得，惹不得”。

男人惊呼女人翻身解放了，男人的“末日”来临了。

虽然是玩笑话，但这也说明了不仅是女性自身，就连男性也开始认可：一味牺牲奉献，在当代社会并不是贤妻的唯一标准，自由和平等才是衡量夫妻关系的新指标。

但无论如何，能够称得上“贤”，那是对女人至高无上的赞美。

读过《三国演义》都知道，诸葛亮第一次上门求亲时，黄头发黑皮肤的阿丑姑娘送他一把羽扇，并问诸葛亮：“诸葛先生，可知道送你羽扇的用意？”

诸葛亮说：“是礼轻情义重吧。”阿丑又问：“可知还有其二？”诸葛亮百思不得其解。

阿丑便说：“诸葛先生，你刚才跟家父畅谈天下大事，讲到你胸怀的大计，气宇轩昂、眉飞色舞。但是，我发现你讲到曹操、孙权时，眉头深锁、忧心忡忡，我送你这把扇子是用来给你遮面的。”

聪明的阿丑姑娘知道，大丈夫做事要沉得住气，不能情绪不稳，感情用事，更不能让人家发现，被轻视、被鄙视，而成不了大事。

史料记载，诸葛亮娶了阿丑后，羽扇从不离手。无论是六出祁山，还是草船借箭、空城计等生死存亡之际，他总是轻摇羽扇，胸有成竹。

诸葛亮功绩显赫，阿丑的功劳卓著。

其实，阿丑名为黄月英，她不但知识广博，而且并不丑。诸葛亮发明木牛流马，相传就是从黄月英传授的技巧上发明出来的。现在荆州一带的特产，相传部分也由黄月英所创造发明。今襄樊一带，还可以听到很多关于诸葛亮与黄月英的动人传说。

由此可见，女人贤，男人旺。

现代女子，贤的也多。贤淑端庄的蒋雯丽，媚而不妖，近之，心下坦荡敞亮，慕而不思得，得而心不慌。这种女性，贤而不惠，基本不操持家务，却也心安理得。出自大家，则可配大小姐称号；嫁入豪门，则必为贵妇；加入阵营，则可成事业。

温良贤惠的蒋勤勤，她不事张扬，温柔可人，体贴人意，善忍善隐，意志坚强，所认之事之人，绝不轻易更改。

贤女人何尝不是专心一事？在家有一手好饭菜，在单位有一把好活计。任劳任怨，相夫教子，可为楷模。她们让男人想家、想事业，不想其他。对她们，在家放心，相携开心，离开揪心。

当然，有乖巧玲珑的，也有卓尔不群的。女人的贤，究其种种，皆为识大体，懂大德，成大事。

贤，也未必没有自己。有人平易近人，有人诚而无欺，有人用心做事，话语不多，字字千金。可玩笑，但迅即收敛；可为友，但你必须有层次；可为妻，但你必须成功无碍。

英国也曾推出21世纪“好妻子”标准，并与50年前(20世纪中期)的结果做了比较。结果表明，烹饪的时候是把好手，在丈夫面前又有主见，这才够得上当代男士心目中的完美贤妻形象。

李安的太太林惠嘉，是一位智慧型的贤妻。

功成名就的李安，之前曾有很长一段暗淡无光的日子，靠妻子养家糊口，为了赚钱曾经想去学计算机，被太太一句“安，要记得你的梦想”阻拦。经过六年漫长的蛰伏，终于守得云开雾散。

事后林惠嘉说：“李安还不是导演的时候，我就是我。李安当导演以后，我还是林惠嘉。”

这是一种怎样的自信，怎样的胸怀，怎样的智慧?

周润发的妻子陈荟莲虽出身富豪之家，却丝毫没有阔小姐的架子。她和周润发结婚后成了周润发的贤内助、经纪人，周润发从香港到美国、从香港影帝到国际影星，几乎每一步都有陈荟莲幕后的付出。

周润发曾接受《娱乐大搜查》节目的专访，大谈他的夫妻相处之道：“太太就像我的一面镜子，望到她就好像望到自己。同她结婚这么多年，我俩几乎大部分时间都在一起。平时假如不拍电影，我比较喜欢待在家里，不过我在家里很少说话，但是太太基本上是话说不停，比较喜欢讲，有时成天被她说得有点烦，但听不到她的声音，又会感到不习惯。”

周润发对妻子有自己的看法：“外貌漂亮的女性我见得多了，看得多了，也就觉得平常了。而我现在选择女友的条件是内心的美，因为我感到内心的美更难得、更重要，也更吸引我。”

作家刘墉在一篇文章中这样写道：“女人呐，最能干的有‘帮夫运’，最幸福的有‘旺夫运’。”因为，能干的女人会匠心独具，有的放矢地挖掘男人身上的潜在能量，让男人成为顶天立地的男子汉。这样，旺了丈夫也旺了自己，当然也就拥有了幸福的“旺夫运”！

自信，独立，有胸怀，能包容，全力支持丈夫的事业。不管对方在低谷还是在高峰，她们都一如既往淡定从容。当女人自己有能力，而且能力很强，不靠男人的光辉来照耀自己时，她不仅是丈夫的宝，更有自己的金字招牌——贤，在幸福的笑容下，熠熠闪光。

雅——清淡生活中开出的水仙

周末，逛街。

服装店，总是女人最爱的地方。我从“思蜜达”逛到“风格”，从“韩国服饰”逛到“品”，老板们忙着推销她们的服装，热情里带着心机。

我也试了几件，没有合意的。离开时，有的会说“下次欢迎再来”，有的，干脆甩回脸对着电脑，不再看我一眼。

在“塞那左岸”茶社边上，有一个极小的门面，咖啡色的木头门，门楣上面挂着一串紫色风铃，被风一吹，滴铃滴铃地响。清脆的风铃声，在人流如潮的小街上，显得单薄悠扬，说不清的感觉。

随手推开那门。

是小小的一间房，两边的衣架上挂着各种款式的衣服，一套一套搭配好了。风情无限，很漂亮，很有个性。

也有两个塑料模特，其中一个无脸无发，光着脑袋，戴着礼帽，着小西服，白底子衬衫，米色西裤。另一个是长裙飘逸，金发红唇，对比鲜明。

音乐悠扬，是我喜欢听的《琵琶语》。走进店里，如同走入一片清悠的竹林。虽然屋子较小，但对面墙上打了个架子，上面不是摆着挂饰或者提包，而是排着一排书。

《名家散文集》《传奇》《纳兰词》……

店家女孩子长相一般，个头很小，长发披肩。但整个人，都是静静的，清清的，不像一位卖衣服的女老板，倒像是一位居在深闺的小姐。

抬头，有微笑递来，是一种干净的笑。

“看中了哪件？自己选。试好了，这里都是明码标价的，谢绝还价。”女孩子轻轻地说。

我扭头看向女孩，她的外型，包括气质，与现在那些所谓的美女相比，实在算不上什么。

就像一株小小的水仙一样，兀自地在自己的水中盛开，兀自地散发一种让人舒心的气场。

“卖服装，也有时间读书？”我问。

“嗯，没人的时候就会读读书，听听音乐。觉得这样挺充实。”女孩话也不多，依旧眉目清淡的样子。

突然感动。

一直以为，雅，是一种修为。不张扬，不落俗。

一直以为，世上漂亮的女人很多，但能静静地散发怡人风情的女人很少。其实，只在街中的一间小店中，便看见了。

我常出去旅游，在一些贴着个性标语门贴的精品店中，在挂着图腾或者壁挂的艺术氛围极浓的场所，也常能与那样一类女子不期而遇。

无论是长发还是短发，无论是直发还是卷发，也无论是着装普通或者华贵，但那一举一动、一颦一笑总是恰到好处。巧笑倩兮的面容，清丽脱俗的气质，都会使她犹如山谷里一株清新素雅的百合花，淡淡地散发着属于自己独有的沁人心脾的香氛。

也见有些男士评价女人味：“是一股雅味，一种淡雅，一种淡定，一种对生活对人生静静追寻的从容。有独立的人格、独立的经济支撑、独立的思想境界。很多女人一旦与钱沾边便失去了优雅，有女人味的女人也爱钱，但没有铜臭味，别人看她挣钱的过程都是一种愉悦。女人的雅味是这样的：妆是淡妆，话很恰当，笑容可掬，爱却执着。无论什么场合，她都能好好地‘烹饪’自己，让自己秀色可餐。”

或许，秀色可餐只是男人眼中的味道。而于女人自己来说，活得淡而自如，原本就是一种从容，一份自足。

爱自己，仅做一个优雅的女人。虽然还不够，但起码，是令自己舒服至极的。

智——人生无须多言

喜欢一个女人倾听的样子。

每当我对着艾瑞滔滔不绝地发表观点时，她都听得极仔细，不但不打断，偶尔场面冷下来，她还会沿着话题发问。

有时，我觉得那个笑话一点也不好笑，甚至听得自己都腻歪了。可是，她会笑得很开心，就算她已经听过很多次了。

我说，你真是沉得住气。但，却喜欢这样的她。

惠子不是这样。她快言快语，抢着和朋友说话，遇到观点不同、意见不合，会争辩得面红耳赤。她这样耿直，却叫人心里不爽。

琳喜欢让丈夫给她买昂贵的衣饰，多多益善的样子。并指导其他女友，必要时要学会让男人舍得花钱，一切都是短暂的，而这些物质却永久真实。

我更喜欢那些节俭、不喜铺张的女子。男人大大方方甩出票子，女人却捡着实惠精美的买，并不要花多少钱。花男人的钱，像花自己的钱一样，节俭并不是不懂生活。适当，却是一种智慧。

女人在一起，谈起家庭，谈起孩子，总有那么多话题。

有人生怨，男人不喜居家，爱在外面应酬，这样的日子，还要不要过下去？或者电话一个挨一个打，你在哪里，你几时回来？如果不关心你，那是不在乎你对不对？因为爱，因为担心，才会这样时时牵挂，处处打听。

难道，女人的事业，就是关注男人的何去何从？不，让他有自己的空间和自由，不该问的不要多问。如果问，他也不见得会说。若愿意说，不问也会说。

自己要做的，是关注自己的成长与生活的精致程度。

男人不愿说的，就不问。

一个人的变化，怎么能感受不到呢？明明知道丈夫出轨了，可是你要去偷看他的手机，查阅他的短信，偷听他的电话，还是找人跟踪他？是要鱼死网破，还是装傻当什么也没有发生？

我见过淡定的女子，她曾一度消瘦，一度颓废，最终却没有追究。没追究并不代表不愤怒。没有把柄，无需把柄。她依旧照样上班，照样过日子，哪怕有人告诉她，她丈夫外面有人了。

她说，谁没有迷失过方向？如果他回头，我可以等。如果他不回头，我会优雅转身，不必使自己被欺骗而继续痛苦。如果他不愿我知道，却在家里表现这样好，想必那外遇也是要多不幸有多不幸，只是一场感情的陪葬品，连安全感也没有。对手在明处，都不敢来挑战，那也配得上“爱情”这个词吗？

从来都以为，错若在他，尽可以换血割肉，以解心头之恨。要离婚，要分房产，要把平静的世界搞个鸡犬不宁，让全世界都知道她的不幸福。撒泼耍赖，以死要挟，统统都用上。

想回来的人，心却越发远了。

是吧，智慧女人总是心中有阳光，明媚自己，还不忘记照耀别人。爱自己，也尊重别人，重视亲情，以家庭为重。平衡各种关系，大气、坦然、沉着，而不是任性、发怒、指责。

智慧，是有容乃大，是无欲则刚。于女子来说，更是“柔能克刚”。她极少发火，因为发火会让人失去理智，会毁坏形象。

智慧女子，更懂得修炼自己。把自己保养得珠圆玉润，穿得体体贴贴，风情万种。她可以在工作上游刃有余，在人际关系上，一切都处理得恰到好处。

她让自己高贵、典雅，让与她在一起的人，时时处处都能感受到快乐与舒适。哪怕在寂寞忧伤的时候，她也会使自己活得与众不同的美丽。

庄——莲花盛开的时光

女人过了中年，举止行为必然将落入到一个字——“庄”。

年轻时的娇俏可人，甜美迷人，经过沉淀，渐而入了味。味至浓后，渐转淡。

彼时，上有老，下有小，成了中流砥柱。任性、贪玩、闲情逸致，这些都暂且搁置一边。

传统故事里，深宅大院里当家的，大都庄重不苟，治家严肃，令人敬畏。

庄，必然带着威仪。

威仪，不仅是一个人的面目严正，更是一个人举止中透出的气场。不玩笑，不随便，不轻薄。

有些人，不怒自威；有些人，端的架子再好，也少了掌门人的气派。

庄，不是装出来的。

端着架子的装，不是庄。

庄，这个字本身就是四平八稳，不伸胳膊甩腿。庄，似一幅挂在壁上的画，让你只能欣赏，不会使你浮想，亦不会令人倒胃。

如莲，开在水中央，可远观不可亵玩焉。

庄重的人，纵有千丝万缕心头绪，也尽收心底。不是不露情绪，就连情绪，也统统被那股子庄重气给压住了。

每种人，都有各自的气象。一桌子女人，举止各异，你会想到用不同的花朵去形容，也会想到用不同的词汇去附和。

不苟言笑的女子可以庄重，笑靥如花的女子同样可以庄重。

在一次聚会上，比我岁数大的那位叫丽华的女子，举止里透着的就是端庄，落落大方，说起话来，亦不疾不徐，打扮正统，连坐姿都极有姿态。

那种让人近而不亲、远而不逊的庄，有亲切，也有疏离。

但我认为，庄重是场面上的举止，如会议中的落座。亦如，一对益友的君子之交。

若一位女子或者男子，始终庄而严，始终端庄得不像话——床头，那些打情骂俏的话，和谁说去？

岁月静好——闲

什么季节，开什么花，在什么样的环境，过什么样的生活。

在这样的季节，这样的环境，尽情飞翔，尽情绽放。这样的随心随性，还是要有的。

梅也罢，桃李也罢，都是自然里的植物。一如人，本也是自然生态——其性使然也。可梅因有傲骨，故耐得其寒，桃李有芳心，遂艳容妖冶，招蜂引蝶。

人呢，该有骨的时候，该有心的时候，都要四处看看，会否有碍观瞻，是否适合民意。

赏景——不做随流客

说说旅游。

许多人旅游总是拿着地图四处寻找，多处打听，然后跟着旅游团听着导游的介绍，步入那些繁花似锦，或名扬千古，亦或众人皆去的地方。

旅游完然后快活地回家，喜滋滋地告诉大家，到了哪里，看到了什么，果然与传说中无二等言词。

说完之后，便是一脸的欣慰，总算去过了那些地方，总算见到了别人也见到的名胜。

与朋友谈起北京之行。朋友倒是一针见血地说，到了北京，人们总是往热闹的地方去。

想来，她说得极是。

许多人去了北京，一定要去爬雄伟的长城，体会长城的壮观与古人智慧之神奇；去金碧辉煌的故宫，看古代皇帝、嫔妃、皇子公主们居住玩耍的地方，看那里的红墙、黄琉璃瓦顶、青白石底座以及鲜明的彩绘和价值连城的宝物；要么就是去天安门看升旗仪式，去北海公园轻舟荡漾，或是来到圆明园遗址，去凭吊过去圆明园的繁华与琦丽。

而独有少数人，离开了众人，去寻找自己向往的地方。

我喜欢去名人故居瞧瞧。大概正是因为那些故居在一个城市的文脉中是不可或缺的，面对它们，历史似乎触手可及。

虽然北京这座历史久远的城市在这方面有着骄人的资本，但是随着城市的改造，很多旧日的辉煌都在慢慢消失。

在热热闹闹的旅游浪潮声中，走进有些清冷、有些凝重的名人故居，是对自己浮躁心灵的一次洗礼。

众多名人故居中，因为对《红楼梦》十分欣赏，所以去曹雪芹的故居走走，感受当年曹雪芹著书时的环境，也是对自己的心灵有个交代吧。

那里的确冷清，门庭若市这个词在这里显然不合时宜。

花很少的钱就可以买到一张入内的门票，可见这里对众人的吸引远不及名声响亮的天安门与长城了。

一个人静静地行走在北京植物园的黄叶村，这里美得幽静，美得与世无争，美得让人不能自语。

矮篱环护，石径蜿蜒，小巷幽深，别具风韵。

村内辟菜园、药圃、瓜棚，设石碾、石磨、辘轳、箭场、古墩，建有茶馆酒肆，一派山村农家气息。

正是这种宁静，这份清悠，让曹雪芹可以汲天地之灵气，感四时之风景，在生世辗转后可以如此返璞归真，著书立传吧。

如今这里白草长得旺盛，可没人膝。大片大片的槐树古木参天，树下厚厚的落叶自生自灭，显得与世隔绝一般。

没有人造的气息，唯独这一份清静常留人间了。

还有那大片大片的花，如同漫天彩霞织就的锦色厚毯望不到边，独自跳跃着生命的舞蹈。

没有喝彩，没有喧嚣，兀自盛开着自己的颜色，尽情展示着别样的风姿，本真地做花做植物，没有修饰的痕迹。

黄叶村的主要建筑是一座仿清代建筑，前后两排共 18 间房舍。

前排展室陈列有清代旗人的生活环境，并展现曹雪芹在西山生活创作环境的模型，以及有关曹雪芹身世的重大发现和有关文章书籍。

这些文章书籍都价值连城，那些脂评本与程高本有年深日久的手抄本，也有古老的铅字印行，如今静静地安置在玻璃柜中陈列着，如同陈列着过去的时光，让人有时光倒流般的错觉。

后排 6 间展室内容分为曹雪芹的生平家世和《红楼梦》的影响两部分。陈列的展品中再现了曹雪芹时代民风民俗的八仙桌、躺柜墩箱、青花瓷器，以及《红楼梦》中提到的一些民俗器物。

如满族萨满教的全套祭器、银锁、手炉、拂尘等。

这里设有“河墙烟柳”“薜萝门巷”“竹篱茅肆”“柴扉晚烟”等景点，随着你的游走，能切身感受到，此时的自己正生在彼时浓烈的文化气息中。

如何不凝神静思，不屏息静默？如何不设身处地地感受曹雪芹的身世，感受《红楼梦》的杰出呢？

风月繁华已成过去，传神文笔足千秋。

插花——有花为证

静是一个爱花的女子。

那年，我们还是姑娘家，她过生日的时候，我到鲜花店买束百合送给她。看着她将散发着香气的百合插在瓶中，不要多，几只，疏疏的，置在案上花瓶中，闺房里一下子就变得活灵灵的、香喷喷的。

即使不过生日，静自己也会隔段时间就买鲜花，装点她的闺阁。

我一直羡慕她这样的女孩，从小就有良好的教养，家境也丰厚，所以，不会用绢花充饰门面，一年四季，都会有鲜花陪伴。

我想，身处在这样的居室里，连梦也是芳香的吧。那些鲜花，就这样一束束地开在我的印象中，总是挥之不去。

冬天，万物凋零，梅花却开得正好。

走到她的屋子，粗疏的枝干，一枝红梅，数朵红花，在洁白的台布上，就这样自如点缀她的案头。

书、台灯，这些，都在梅花的映照下，有了一些别样的气质。

那时，我还不懂得插花。

如今，各自名花有主，嫁与他人妇。天涯海角，不知道她的香闺是否依旧香飘不散。而我，却只养一些不易死的植物，如玉树，如芦荟。

一次外出学习的时候，与我同住一间屋子的青云，也是一位爱花的女子。

闲暇的时候，我们会谈起自己的兴趣爱好。

她除了与我一样喜爱写作，还有一项爱好，那就是插花。

我们互加了 QQ 好友。打开她的 QQ 空间，看着她插完花后，给那些作品拍的艺术照片，高低疏密，各有造型。无论是百合，还是玫瑰，到了她的手下，经过她的修剪拼插，瓶中鲜艳，花团锦簇。

有的像展开笑颜的娃娃；有的像是着盛装的女儿家；有的清雅动人，自成曲调；有的富丽堂皇，高端大气。

我不是青云唯一的观众，在她的空间，有许多人给她留言，赞美她生活雅致，认同她插花的水准高，欣赏她审美情趣之佳。

我也不由赞叹: 青儿，你这样的女子，本身就像那些花儿般美丽。

青云笑了，兀自说，女人如花，无论在哪里，无论怎样开，都不要忘记让自己以最好的姿态去体会生活中的乐趣。

我也笑，“云想衣裳花想容”，花容月貌的女子固然多，或浓或淡，都有自己的美。

基于青儿的插花水准，我有些不好意思告诉她，我也插花，只是那些花，是教师节或者妇女节，一位位学生送给我的一枝一枝康乃馨或者百合，或者玫瑰。

那些花匠们，一大早，用玻璃纸将花的头部包得结结实实。那些花，就这样一桶一桶，被小贩们放在学校门前兜售。

售花人蹲在地上叫卖，孩子们的父母或者孩子们经过的时候，就会去买一枝，而后孩子们高高举在手里，喜洋洋地送到老师面前，朗朗地说一声：“老师，教师节快乐！”然后像风一样跑远了。

那一枝一枝的花捧到手中，到最后，也分不清这朵是谁送的，那朵是谁送的了。

就这样，捧着这样一大捧杂七杂八的花，有的开得正欢，有的快要枯萎了。

花被放在办公桌上，要是没特别的花瓶去装，就将其中一些用一个广口瓶装着，放在教室的窗台上，全班孩子们都可以看到五彩的花，闻到各种花散发的香气。

还有一些，会被带到家里，去掉那些包在外面的花纸，然后找个玻璃瓶，将这些带着孩子们心意的花朵，都浸在瓶中的水里，让这些“心意”缓缓地蔓延一段时间。

在我眼里，这些花都是特别美的。每一枝似乎都是一个个孩子蓬勃的小脸，每一朵都是一颗颗闪烁的爱心。

很多时候，在花渐渐凋谢后，我也会叹，时光匆匆，教过的孩子都会飞向四面八方。

所谓桃李满天下，老师的心，在想着那些远去的桃李的同时，也想及自己早生华发，内心时有悲凉。

但转念一想，年年都有同样的花，同样被我如获至宝地插在瓶子里。这样，已经足够了。

看过插花艺术才明白，那些花，还可以插得更好、更美。

朋友生病住院，要去探望。

去花店订花，看着店主将一朵朵花打枝，修剪，配叶，不一会儿，一束精致的捧花就大功告成。

也有时候，送的是花篮。

就见高高低低的花，插在花泥中，花篮里，像一个小世界。那些鲜花，滴着露水，带着芳香，将一份问候带到对方身边。

带去的不仅是视觉上的美，也是心中的祝福。

青云的插花，在我看来别有一番韵味。

每种插花，都有种自然的抒情，表现着主人的审美，或优美朴实，或淡雅明秀，或造型简洁，或线条优美，或姿态自然。

其构图布局高低错落，俯仰呼应，疏密聚散，整体有一种清雅的流畅之感。

后来懂得，插花，也要按植物生长的自然形态去布局。不管是直立型还是倾斜型，平出型还是平铺型，亦或是倒挂型，都要应不同的花的气质，依出场的场合而定。

花型悠闲秀美，随意而插的作品只适用于日常生活。

也看过有关插花的文章，明代袁宏道的花艺专著《瓶史》里提到:“插花不可太繁，亦不可太瘦，多不过两三种，高低疏密要如画境布置方妙。”

我原以为，插花简洁明了便好，原来就算随意制作，都颇有一番讲究的。

主体插花是要选一枝最壮、最美丽的花枝做主枝，突出中心，两侧各插一枝不同花卉陪衬。要避免花枝排列整齐，主体花要突出，三枝不要交叉。

如菊花配剑兰，会显得跌宕错落，疏密有致，颜色和谐，相得益彰。纵使同一种花，也最好同时兼有花蕾、半开、盛开的花朵，以表现花开放程度的变化。

说得简单，但不同的人插出的花，也会有不同的气质。

也有朋友说，插花和禅一样，表面上有最严苛的形式，事实是在挖掘最大的自由。

自由，未必便是美的。

可是，如果内心自由，哪怕一朵雏菊从野地里采回，就这样铺在广口圆底古色古香的陶制花瓶里，也有了乡野之趣。

至于插花讲究一三五七九这样单数地插，插出来的花叫做“生花”，就是有希望的花，由于不圆满，才显得有希望。双双对对的插花是“死花”，因为太满了。

这都是行内人更细的要求，对他们来说，这大抵是规则。而对于我这样的人来说，这并不是我追求的要义，生生不息的花，都是带着希望的，只要活得更久一些就好——

离开泥土，在各种器皿中继续它们的生命。

讲究的人，总是将不同的花，配以不同的器皿。

素色的细花瓶与淡雅的菊花有协调感；浓烈且具装饰形的大丽花，配釉色乌亮的粗陶罐，可展示其粗犷的风姿；浅蓝色水盂宜插以低矮密集粉红色的雏菊或小菊；晶莹剔透的玻璃细颈瓶宜插非洲菊加饰文竹，并使其枝茎缠绕于瓶身。

玻璃花器的魅力在于它的透明感和闪耀的光泽。混有金属酸化物的彩色玻璃，表面绘有图案的器皿，能够很好地映衬出花的美丽。

塑料花器，形式多样的藤、竹、草编的器皿，使眼中的插花，毫不造作，具有原野风情。

较之西方的花艺，花枝数量多、色彩浓厚且对比强烈而言，我更喜欢东方的花艺。花枝少，着重自然姿态美，多采用浅淡色彩，以优雅见长。

我用来插花的器皿也不完全是有讲究的。曾经，将孩子浇花用的彩色小壶当做花壶，将学生送我的花，剪短了斜斜地插在壶里。而不是专门去买那些长颈玻璃彩花瓶，或者带有中国风的陶瓷，或者五颜六色的塑料花瓶。

大自然叫我们物尽其用。大师们为了寻求他们的极品制作，会亲自制作器皿来承载自己的作品。

我更偏爱那些素烧陶器。在回归大自然的潮流中，素烧陶器有它独特的魅力，它以自身的自然风味，使整个作品显得朴素典雅。

而除了我，还有更多与我一样的普通人，或许会随机买些普通的花，或许是山坡上或地头田间沟底涧边长的小野花，它们一样可以开在自己的桌上，美不胜收。

这样的自然之真，这样的随意灵动，这样的蓬蓬勃勃，生命如此。

如果说，自然界将花和树最美的一面无私地献给人类，那么，插花便是将那一枝一花，以艺术的形式使其更具美感。

这需要的何止是宁静的心，更需要精力、专注、智慧，才能使花和人成为一体。使美与艺术、人与自然，和谐统一着。

美，在眼底，美，在心中。美在生活随处可见。

精致典雅的生活，就这样，通过无处不在的花，随时随地的布局，精心准备的器皿，灵巧的手，智慧的心，将美汇聚，使那些美无所不在！

唱曲——歌中作乐

云很淡，天很高，我喜欢在这样云淡天高的时候，唱歌。有时是轻轻哼唱，有时是放声歌唱，更多的时候，是在心里默默地唱。

看到一些心理测试，比如一个人的时候，你会不会放声歌唱。比如你在夜深的时候会听什么样的曲，是抒情的，还是怀旧的，是奔放的，还是流行的。

由此，测试你是什么性格的人，或者你的恋情会持续多久，等等。

对于这样的一些测试，我只是一笑而过。

有一个朋友，喜欢听歌，逢她喜欢的歌，必学。每一亮嗓子，声音都清亮如水，抑扬顿挫。一个人把一首普通的歌，唱得行云流水，并且不是照本宣科，独具她自己的声调和乐感。

以我之见，她是有自己风格流派的。人生哪能没有一些属于自己的风格呢？

还有位唱曲的诗人，他用自己的诗歌唱曲。“那些默默无语的音符，是我还在心忧，天空中你的形状，如渲染白云的脸，又似被蔚蓝吹散。”曲还是那曲，但词被改得让人心碎。

一个人，想把自己的感情传递出去，揉入别人的心里去，不来点创新看来也是难以让人闻之不忘的。

周末，几个朋友不去茶社，而选择去歌厅吼几嗓子。

究其原因，都是好热闹的人，茶社讲究清静，用来聊天、打牌正好。如果要是想发泄一下情绪，搞活一下气氛，不管男女，不分老幼，谁不会唱两句呢？

至于点歌，谁还没有几首拿手的主打歌来压台面哟。

中年女人喜欢唱王菲的《天空》《棋子》，奶茶的《后来》，或者侃侃的《滴答》，总之都是耳熟能详的，容易引起共鸣。

中年男人喜欢唱齐秦、张学友的。至于年纪再大些的，革命歌曲也颇让人回想到数十年前的岁月。小年轻也有他们这个时代的歌星，年轻人也不大会和与自己差异大的中年人混迹在一起。

现在，已经没有多少人会花心思去记住那些歌词了。

我很喜欢在当听众的时候，看每位歌者的神态、动作。

有些人，喜欢随着节奏摇动双腿。有些人，喜欢摆动头部。还有些人，一边字正腔圆，运气发音，一边挥出手臂，徐徐而开，慢慢而拢，颇有些歌星的派头。也有些人，拘谨地端坐，双腿并拢，腼腆害羞，唱着唱着唱到跑调，然后赶紧切歌，换人。

但无论怎样，没人会笑话。

唱的人，全神贯注。听的人，顾左言他。起哄也好，鼓掌也好，总之，唱得就是热闹。听者，就是看歌者的热闹，不久，就轮到自己被看热闹。

我在唱歌的时候，也不一定要跟着歌词走。那些歌词，就像漫无目的的落叶，又似被风吹散的诗句，反正，有一句没一句的。

想当初，为了学歌，将词抄在小本本上背诵，然后，打上声调，以求熟唱成诵。如今，放眼看去，一位位歌道中人，一离开歌厅，一离开字幕，就不知道如何将一首歌唱完。

哼着调子，让那些余音就这样在天上发呆。一想到这儿，我就扑哧一笑。

改歌词的好戏，有何不可？独自散步的时候，对着旷野，哼着

《我爱你，中国》的曲，唱着自编的词：我爱你田野，我爱你白云，我爱你缓缓流动的河水，还有那弯弯的小桥……

让所有的词都结了果，于是，天幕中又升起了一颗小时候抓住的星，随着歌声一闪一闪亮晶晶。

在歌声中，那些儿时的星星连成一串串记忆，在时间的河里，洗一洗尘满面，鬓如霜，剩下的只是会心的微笑了。

厨房——柴米油盐，也入得风花雪月

我家的小厨房，方寸之地：左边是灶台，右边是洗碗池，对着窗则是一排柜子，上面是大理石头的台面。油烟机轰轰地响。

家，因为这里的烟火气而如此温馨。

记忆中，我最爱的地方，似乎也和厨房有关。

说起根，寻根的人都会找到一个词：故乡。说起故乡，又有一个词闪现：乡村。

寻根的人，寻到最后，往往都会回到黄土地里。那里的泥土最养人，那里的土地最富有情感，那里的人最让人觉得亲近。

当年，我奶奶家也在乡下。

对于我这样没有在乡下生活过的孩子来说，家乡一词，却时时似一种神秘的力量拉着我，向那方回望，往那方驻留。

过年的时候，父母会带领我们回到乡下，和爷爷奶奶团聚。当然团聚的，远不止我一家。这是由一个庞大的家族形成的村落，每逢过年，从四面八方汇聚而来的人，寻到底都有同一个祖宗，这不由叫人想到“血脉相连”“生生不息”这些词汇来。

过年时节，到处是天寒地冻。奶奶家的堂屋不是那么热闹，最有人气的地方倒是厨房。那时，厨房不叫厨房，乡下称那做饭的屋子叫锅屋。

土砌的炉灶，一面壁角堆着柴草，散发出田野的气息。晒得透干的草，是人们从打谷场上一堆一堆的草堆中抽出来的。彼时，人们穿着厚厚的棉衣，倚在这些麦草堆上，炉里的火烤得脸发烫，身上也暖洋洋的。

我最喜欢的一件事，莫过于，在这样的屋里，坐在这堆草中，做一个火头军。一方土灶，灶膛里外，都让人觉得热气腾腾。倚在草堆上的大人孩子，讲故事的，说闲话的，喝老酒的，纳鞋底的。一屋子的声音，一屋子的人气。

这样热闹的，聚合了人气的锅屋，终于在火熄了之后，安静了下去。

俗话说，民以食为天，生命和健康都是吃出来的。一个家若是没有烟火气，那这个家定是留不住人的。

在城市里生活的人，居住的是套房，厨房自成一间。隔着门，系着围裙的主妇或者煮夫从这间屋子里走进走出，一个家，便其乐融融。

当年在老家，常会听到谁家媳妇切菜的刀功很好，谁家媳妇擀面条的水平很高，谁家媳妇和出的面最筋道。

那些媳妇们，研究着女红，比着干农活，唯独很少听说她们的厨艺如何。

那个时代，关于吃，哪还有个讲究？能吃饱就很不错了。红薯就着玉米面，熬一大锅粥，人吃不完，兑些饲料，还可以喂猪。

只有过年或者红白喜事的时候，厨艺好的，才能被请来当大厨。而这些大厨，通常也都是以男人居多。

如今，哪里还用得着这些？

现成的刨刀，可以使菜成为各种形状，丝状、片状、流水纹状、花状。现成的压面条机器，只要启动开关，一切都不成问题。

先生在家，会经常下厨做一些家常菜，例如：回锅肉、羊肉大白菜、红烧鱼、姜汁扁豆、蒜泥黄瓜、干煸苦瓜……虽然上班族的我们，通常也只有在周末能够像模像样地做几个菜，欢欢喜喜，慢慢悠悠地吃。平素吃工作餐，体会的就只有工作餐的快捷方便。

有篇小说的开篇初看上去平淡如水：“这个世界上，我想我最喜欢的地方就是厨房。”为什么这个叫樱井美影的女孩会喜欢厨房呢？她瘦弱的身体里藏着怎样不为人知的秘密？

原来，她的父母早已双双过世，只剩下一个相依为命的奶奶，在三天前也撒手人寰了。偌大的屋子里只剩下她孤单一人，守望着一个又一个寂寥的昼夜，任泪成行。

多少个午夜梦回时分，美影默默地在心里祈祷：能够睡在星光中，或者能够在晨光中醒来。很自然的，厨房成了她逃避现实痛苦的最佳避风港。即使那里看似肮脏、邋遢，却散发着人间烟火的味道，甚至还残留着亲人曾经的味道。

厨房的味道，厨房的旧影，厨房的生活气。倘若一个家没有厨房，这个家就没有了心脏。

只是，在这样柴米油盐的日子里，我从未觉得生活还有诗意。厨房这个阵地，也绝不会是一个产生诗意的场所。

不过，这都只是我认为。

当然，英雄也罢，美女也好，当他们操刀霍霍向菜肴，或者挥舞锅铲的时候，那个厨房，便是爱的港湾。

在这片小天地里，他或者她可以无拘无束自由舞蹈，可以看菜谱看得走火入魔，调味研究得神志不清，可以凭自己的想象将菜切得奇形怪状，将同一种菜做成花样百出。

每每，一家人围坐桌前，将自己的劳动成果一扫而光的时候，心中涌动的感动和幸福的喜悦，是那样的真切美好。

在这些柴米油盐包裹下的寻常日子里，每一顿热乎乎的菜，热乎乎的饭，里面藏着的都是热乎乎的情呀。

“我爱你”三个字不仅是说出来的。那些风花雪月的故事，又何尝不在对菜谱的研究、对火候的拿捏，和对时间的掌控之间？

朋友们总会问我：“你的着装比较高雅，看起来人也比较优雅，你会不会做饭呢？肯定是十指不沾阳春水吧？”

我笑，怎么会不沾尘烟之气呢？

这厨房是爱的滋长地。作为女子，因为爱家，所以也爱厨房，爱在厨房里展露手艺，做几道小菜，拼几个花色的拼盘，顺便给自己的菜肴起些好听的名字：粉丝炒豆芽，我叫它“天长地久”；煎两个鸡蛋，连在一起，我叫它“心心相印”；至于羊肉烧大白菜，我叫它“踏浪归来”。

六岁的儿子也受我影响，会给简单的下面条做一首小诗，他说：“千条线，万条线，哧溜一声，都不见。”惹得大家哈哈大笑。

彼时，无论那些菜肴是淡是咸，空气中总弥漫着浓浓的温馨。

成功的种类很多。可以在平凡的生活里，在琐碎的柴米油盐的灶台前，做一个优雅的人、诗意的人；也可以穿着旗袍，系着围裙，盘着秀发，淡妆浓抹，成为一道美丽的风景，同样可以让平淡的菜肴，饱含着非同寻常的意义。

其实，柴米油盐也入得风花雪月。我想，只要有心，我们都可以使生活更富情趣。

回眸——从一段小巷开始

清晨起来，天微凉，有细雨，寒意袭人。

昨日还在盼望，天要凉些，再凉些，我带的那些衣服能够穿在身上，总比塞在背包里轻松些。真是天遂人愿。

不过，有些人衣裳带得少，有些瑟瑟。

我对念儿说，我有外套，给你穿？念儿婉言谢绝。这女人，总是那么客气。随她，都是性情中人，不拘那些虚套，不穿就不拿给她了。

从运河 5 号出发，沉重的书使我的纸袋绳已被拎断了。随后那些书，挤在客车的肚子里，与众多行李一起。

我无暇去安慰那些书，我要上车，入座。

一路六个小时的车程，风景在眼前滑过。如果你有心，总能看到路边一晃而过的那些树，那些山，那些青青黄黄的草，那些蹲在电线杆上的鸟。

大自然的一切，被安排得总是那么恰到好处。

不说那些。车上，沉沉地睡，又慵懒地醒，再睡，再醒。到了服务站，伸伸胳膊，踢踢快要麻木的腿，总会抵达目的地。

来到安徽地界。眼前，山不高，却秀；林不深，而茂。如果我们的旅途是向黄山行进，那将是奇松秀石云海等着我们，但此时，我们去的是呈坎镇。

据罗氏族谱记载，唐末罗氏兄弟通晓易经八卦风水理论，把龙溪改名为呈坎。盖地仰曰“呈”，洼下曰“坎”。“阴（坎），阳（呈），二气统一，天人合一”。

呈坎依山傍水，藏风聚气，纳四水于村中阴阳调和，聚水聚财，三街九十九巷，宛如迷宫。自古以来呈坎是一个进得去，却出不来的神秘、神圣、神奇、灵秀之地。

徽州的呈坎，我来了。在我的脚刚踏上这块土地的一瞬间，内心不由得感动起来。

刚刚好的温度，刚刚好的色彩，刚刚好的味道，以及我们此时刚刚好的心情。

因为是周日，或许更是因为它名声还不太响亮，故能保存着原始的天真。

一切都静得让人神往。村不大，常安；地不远，仍幽。

无论是定居的村民，还是过往的游客，每个人看上去都那么随意淡然；也无论是老旧的古墙，还是斑驳的苔迹，都让人觉得温情脉脉，岁月深深。

这就是世界迄今保存最古老、最神秘的东汉八卦村的呈坎，这就是被誉为“人间天堂”的水墨画乡村，这就是中国风水第一村。

粉墙黛瓦，鳞次错落，古朴典雅，抑扬顿挫。所有的一切在我眼里，美轮美奂，清扬悠远，极富韵律。古徽文化神韵，皆在这一砖一瓦、一梁一柱上，让人叹为观止。

移步石板路，街不长，却静，人不多，却闲。这里的一山一水、一桥一阁、一木一石、一花一草，皆都入了画，入了景，入了心。

都说世外桃源总是隐藏在遥远的地方、不为人知的地方，而此时，这里，又是怎样一个岁月静好的人间天堂?

迎面一株白果树，枯叶满地，零星挂在枝头的一些，亦是对泥土、对大地的欲却还迎。叶的离开，不是枝的不挽留，而是叶对根的追随。

人生处处，何不如此？泥土在哪里，根就在哪里，哪里就有生命的生生不息。

春波已逝，秋水更凉，眼前空留，半抹池塘。夏日盛开的荷花，此时只如一片凌乱的愁绪，与岸边苇草相伴，那又怎样？

秋去了，春来。何叹人生太匆匆，明年，又是夏荷绚烂繁华。只是有些抹不去旧年伤感的记忆与别离的情殇。

转过小桥，高大的屋下，那张望的人，守着这一屋子的静，一屋子的岁月，自己也成了岁月深处鲜活的画。

那不是当年的媳妇们隔门相望，等待归人的身影；那也不再是贞节牌坊里埋藏着的幽幽守候。

有些墙不再白，红灯笼也褪去了鲜艳的色彩。高墙之上，两盏小窗，那是屋的眼睛。只是那双眼睛深处，又有谁在悄悄张望？

继续走吧，从一个时代走向另一个时代，从一种岁月走向另一种岁月！

再乱的心，再嘈杂的社会，人都会在这里悠悠转醒。

寻一处清心静心之所，别院重重，小巷九曲十八弯，头顶有伍灰的天空，浅浅淡淡，现代的喧闹物化已被涤尽在这里，和这些颜色不期而遇。

三轮车、平板架、铝皮炉。擀面摊前，那位穿着粉色围裙的女人，绿色的护袖下，一双灵巧的手在忙活。

胖大姐的“石头粿”三元一张，薄如纸，脆似玉，黄亮如金，且记得“徽州小披萨”让你一生痴绝处，无梦到徽州。

纯朴的脸，纯朴的声音，连叫卖的样子都纯朴无碍。

继续往小巷深处走去。随巷一壁摆着各种小货，一如所有景点，有了些许商业化的模样，让人闻到现代生活的气息。

没关系，靠什么地儿吃什么饭。活要做，钱要赚，候在摊前的老妇人，时刻提醒你，这里的生活从来没有偏离过真实的现在！

一只狗摇头摆尾，不知打哪个门里出来，默默看人一眼，然后转身离开，消失在小巷拐弯处，再无踪迹。

空落落的小巷，没有打着油纸伞的姑娘。如果下雨，会有那种金属骨架、透明伞布的塑料伞，或者印着各种花色的小伞悄悄绽开，穿着长裙或者厚袄，短褂亦或闲衫的你我，走在这里，不刻意逢迎，亦不必小心营造气氛，意境从来都由心生。

生活在这里的人，大抵也会烦透了这逼仄的小径，这曲折的深巷，大抵会觉得闷，闷得人透不过气儿来。

如果你还浮躁，就不要来。

如果你需要放慢脚步，告别那种不太痛快的沉重生活，你应该来这里，为自己重建一种持久而纯净的心境。

有时，会有一架瓜藤从墙头漫过，一抹绿扑在头顶，静静守候。

有些院沿，会伸出几张芭蕉叶的绿身子，像深情的姑娘，凝睇回眸，又似不甘心的手掌，以告别的姿态在墙那边久久不肯落下手臂。

巧逢一家嫁女，喜庆的红灯笼挂在院内。院子很宽，天井处只有方寸的天，照进屋内的阳光打那里探进来，小心翼翼。

想必，日光在夏日时才会大胆泼辣，无拘无束。

那些八仙桌，长条凳，占据院中一隅，大大小小，高高矮矮的箩筐里装满了待用的菜及器皿。

喜庆还没有开始，而婚嫁不是一日就可完成，正日子还在三日后。婚前的准备事宜也不那么忙碌，有一种不紧不慢的节奏。

一个短头发的小女孩，闪着一双大眼睛望着我。见我没在意，又轻轻拉扯一下我的大衣，轻声问，你从哪里来？

手抚过她的细发，笑着说，我从远方来。

七转八转，听到一声轻轻的钟声。

有算卦的老道叫住了我的脚步，要送卦一副，且虔诚拜那佛像一拜。牵过我的手，他在灯下细细瞧着手纹，随手在纸上写着什么。

今年福安，皆好！送上护身符，保平安。

在一个册上写下名字，施主，施而为了求安。

随便给点钱吧！老道说。

好吧，99，天长地久。

还是199吧，听我的，没错。老道强调。

拿过他写的纸，我的属相、我在家排行毫无差错。

我是信的，信其有便有。虔诚地再拜一拜佛像，善心善举才是根本。

毕竟，这里是风水第一村，走进呈坎，谁又不想得到财气、人气、福气、祥瑞之气呢？

呈坎过坎，神兽护佑，让你一生无坎、平平安安、大吉大利，万事吉祥如意。心头念念有词。

而这些事，在我所经过的山、遇到的庙前，都曾有过。此时，仿佛像遇见了一段古老而久远、亲切而恍惚的往事。

离别的时候，在桥上回望，青山隐隐，碧水悠悠。一切，依旧静而无忧。

古村落里农民的淳朴气息伴着那些巷子，那所遇之人，甚至那些石缝里小草的态度，让我不由得爱上这里。

可是，当我轻轻吟唱时候，嘴里蹦出的却是那首《徽娘宛心》："碧池徽墨染，徽娘夜苍茫，一腔殷殷血，染红嫁衣裳，路尽头孤身只影伴残阳，柔韧丝千屡，却是无情网，头顶石牌坊，脚下青石板，这日子总是石头那么凉……"

打球——把时间花在运动上

做母亲的女人们，通常聚在一起，会谈论如何培养孩子的业余爱好这个话题。大家各抒己见，现身说法。有人说，要送孩子去学琴。有人说，要让孩子学打球。

学琴的女人说，让孩子早早就具备基本的音乐素养，长大了，可以做一个高雅的人。让孩子学打球的女人说，我希望我的孩子能够在长期的锻炼中，身体健健康康。

如果，这位女人刚巧家里的孩子还是男孩子，她还不忘记加一句，不仅学打球，这球还要是篮球。要知道，男孩子长大了，在球场上跃起投篮的动作，能迷倒多少女孩子呢。

大家说说笑笑间，我也在心里默认。让孩子学会一种球类运动，把时间花在运动上，的确是个好主意。生命在于运动，太安静、太缺乏运动的孩子，身体总不及爱运动的孩子强壮。

有人做过调查，现在谁最幸福，答案是老年人。

人到中年，是个尴尬年纪。上有老，下有小。羡慕年轻人的活力，又害怕大踏步迈入老年阶段。但真正到了退休的时候，大多数男男女女也都开始接受命运的安排，安于享受老年生活。不用赶着点儿奔忙于工作，不用想着法子提升自己，升职加薪。时间由自己安排，生活自在随意，一天到晚除了睡觉就是做饭、吃饭、健身锻炼。

父亲刚退休那会儿，是很不适应的。

有一段时间，父亲很迷茫，不知道自己该做些什么。离开了那个叫单位的地方，离开了那些叫同事的人，颇有种解甲归田的意味。当然，想折腾一块小菜地，也得有地给你种呀。

每日，父亲照样很早起床，然后在河边散步。

很快他发现，无论早晚都有一支支健身的大军，在广场上扭广场舞，在林荫处打拳练剑。渐渐地，父亲也融入其中，并乐在其中。

父亲的运动生涯从学拳开始。

太极拳的刚柔并济，父亲起初照本宣科，到如今一路拳打过，行云流水。想当初，他自己买碟片，在家里一招一式地学，到如今，很多新手都跟着老爷子学起了打拳。父亲的那种成就感也油然而生。

时不时，父亲还会告诫我们这些小辈们，锻炼、健身是时下的时尚，生活好了命就金贵，你们不能总是坐着不动，要运动。运动、保健才是根本，不要等生病了只知道上医院。

我会反驳，静以养德，动以泄气。人贵在静，静才能安，安而后能定，定而后能得，得而后知不足。

听我这样一说，父亲就叹息：不听老人言，吃亏在眼前。

其实，他知道我只是在与他斗嘴。

小时候，父亲教我们打羽毛球。家前屋后，没风的日子，常陪我运动。

如今，城市规划越来越到位，居民区附近的露天公共场所，大都设有一些运动场地。

会打球的打球。爱练剑的练剑。喜欢唱歌的，趁黄昏夜幕盘踞广场一角放开嗓子尽情吼。热爱跳舞的，早晚争夺地盘随音乐手之舞之，足之蹈之。

如今，锻炼是城市人的时尚。

放眼看去，商家也转移了目标，以前是女人和孩子的钱好赚，现在是健身的人钱好赚。

走路就走路吧，还给走路起个好听的名字，叫徒步运动。就连走路健身的行头也价格惊人，装备弄全了得两个月工资。看起来再简单不过的走路运动，也成了奢侈行为。

当然，这样的专业徒步俱乐部，也不是每个人都向往并乐于加入的。

至于我等身在工作岗位上的职员，也不是一直都当老黄牛，只知道埋头苦干。闲下来的时候，越来越少的人是静坐不动的。大家三三两两，不是拿个球拍打羽毛球，就是找个空旷的地方进行快走运动。动起来，动起来，身体才不会随时和你闹脾气。

看看，打羽毛球能治颈椎病；常打打乒乓球视力肯定很好；至于大球类，不仅全身运动，而且还要讲配合，制定策略。

总之，只要运动，就有收获。

说的人振振有词，参与活动的人，点头称是。还没运动起来的人，也耳濡目染，渐而参与到运动的队伍里来。

朋友说，看吧，打球、健身能够舒心、提神、养气。在运动中，大家还结识了新的伙伴，在运动中，精神气足。

人生大抵总还是“静极思动，动极思静”。动静的相互转化，是生活的辩证法。

至于我自己，需要读书写字的时候，是安静的；需要思索的时候，是安静的；很多时候，头顶蓝天，极目远望时，是安静的。

正如此时，我端坐在电脑旁，眼前会出现这样一些画面：熟悉的朋友，在一个秋日温暖的午后相聚。大家三三两两，坐在球场边的草地上，看着别人打球，闲聊。阳光不烈，有微风拂面。

还有些夫妻带着孩子，在阔大的操场上奔跑，风筝高飞。老年夫妇，闲闲散步，银发飞扬，一切，似乎如此安静，而这种静静的世界里，那些奔跑的、运动着的身体，如此富有生命力。

就这样，静静地看那些动态的画面，时间如此绵长。秋在云心上，乐在我心中。

弹棉——谁把孤弦竟日弹

“独坐幽篁里，弹琴复长啸”，每想起此句，我对操琴的人，都仰视之。

人往往对于自己喜欢却不精通的技艺，会怀有一种高山仰止的态度，这的确无可厚非。

有时，闲坐阳台上读书，也会有琴声不知从哪家窗户里传出来。起初不以为意，那声音断断续续，听着粗糙无绪。心想，不知是哪个孩子，学艺不精，扰人清静。

但那琴声，听来，到底是古琴。弹拨之间，音质低沉浑厚，幽静古朴。在人来人往的小区，那琴声徘徊不去，虽有余韵，却像是哮喘病人，突然来一阵喘息。再等，又不知其所终。

曾经，在去西藏路上遇到一个女子。谈到兴趣爱好，她兴奋地说她师从谁谁，学的是古琴。又兴致勃勃地告诉我，古琴七弦，是有讲究的。

琴一般长约三尺六寸五，象征一年三百六十五天。琴最早是依凤身形而制成，其全身与凤身相应，有头，有颈，有肩，有腰，有尾，有足。

“琴头”上部称为额。额下端镶有用以架弦的硬木，称为“岳山”，是琴的最高部分。琴底部有大小两个音槽，位于中部较大的称为“龙池”，位于尾部较小的称为“凤沼”。

这叫上山下泽，又有龙有凤，象征天地万象。七根琴弦上起承露部分，经岳山、龙龈，转向琴底的一对“雁足”，象征七星。琴面上有十三个“琴徽”象征一年十二个月和一个闰月……

我初次听说这些知识，对那位女子也敬佩得无以复加，觉得她懂得真是太多了。口才又好，真是难遇，赶紧留下联系方式，笑说别离以后，常联系。

以后在路上的几日，我们来来去去，都互相帮衬起来。

至于由琴觅知音的故事，我知道“伯牙绝弦”的典故，小学生都学过这篇课文，我也就不拿出来卖弄了。所以，只是一味听她时不时说几句专业术语，然后，继续看这样雅致的女人，带着孩子，涂着防晒霜，胖胖的身体，带着黑脸膛特有的笑，溢如春色。

那在第一印象中的中年妇女形象，随着相处渐渐远去，越来越觉得她美不胜收，通身都是韵。

没有修养的人，哪能懂那么多？而且，还会画画。她跟我说起，在西藏，她向寺院老僧学绘唐卡。

真以为遇上高人了。

只是，一别之后，再无联络。人生一路走过，处处皆遇路人，缘分至此，倒也是一种成全。若所有路人都要联系，大脑哪有那么多容量，供各种繁杂人等在心头拥挤不堪？

古琴的韵，叫人觉得那是真正的雅物，其形有义，其声，更有独特韵味和历史的沧桑感。

当然，古琴不同于古筝。现代生活里，要是让我看到哪位男人没事，划拉着一柄古琴，一定怀疑时光倒流，回到唐宋。或者心下会觉得此人不过是附庸风雅，全然是游手好闲，放着大好时光不急着赚钱，弄这什物凑什么雅致。

古代文人，必须具备“琴、棋、书、画”的修养。至于，孔子在提倡琴乐之初，就教导说“君子乐不去身，君子和琴比德，唯君子能乐”。

至于操琴者，修养如何？大抵，人与乐合一。

而闻者，必也是要有一定的造诣，才能听出琴音中种种或疾或徐的曲调所蕴藏的思想。比如，于琴乐之中，孔子听到了文王圣德之声，师旷听出了商纣亡国之音。至于司马相如与卓文君借琴音表露感情，亦是琴到深处情亦浓呀。

有时想，弹古琴的人，都是那些能吃饱饭、有闲情逸致的人。但后来明白，将此作为工具混饭吃的，也不是没有。

且不说，那些沿街卖艺的，琴苑弹琴的，搭台弹奏的，乐罢，数几张人民币，转移战场，继续弹奏。

现今，吉他手背包客，也常流浪于各驿站，自弹自唱，您听着喜欢，就打赏几个硬币。再扩大一些，到歌厅酒吧卖唱，自己录制唱片，您听着好，买几张回去。

小时候，听到过一种单调而有节奏的韵律，也常驻足，在一边张望。

弹者目中无人，身背长弓，弦在他的手下，另手操木杵，于硕大一张席间，“嘭嘭嘭、嘭嘭嘭”亦或者“嘭、嘭、嘭嘭嘭——嘭、嘭、嘭嘭嘭”。手起之间，白絮曼舞，人在絮间，身手一张弓，一弦一杵，看似乱弹，细听却是带着节奏。

四下既无幽篁，亦无吟唱，有时是一间大屋，有时是一片空场，阳光洒金线，透过白絮，照耀下去，照透下去。

这弹者，夏是汗衫冬是厚袄，你全然听不到袅袅升起的琴律。

那些轻柔细屑，漫天飞舞，如万千雪花耳鬓厮磨，窃窃私语。

有时，那紧绷的身躯，那挥汗如雨的姿态，那躬身肃穆的装颜，又似在指挥千军万马，挥戈冲锋陷阵。

物我两忘的弹者，身边有时还有妇人跟随，弹毕抽丝拉线，由躁入静，和谐如此，恩爱毕现。

对于初学古琴者，若弹得不给力，总有人取笑，此状如弹棉花。

可是，对于弹者来说，唐代诗人刘长卿的感叹在于“泠泠七弦上，静听松风寒。古调虽自爱，今人多不弹”。我的感叹却在，雅弹的古琴，俗弹的棉花，棉被已发硬，谁来弹松它？

也还记得，那些旧岁中，总有一些中年夫妇，男人臂膀黝黑发亮，粗壮有力的手臂，手执巨大的木质弓架，弹着一床旧棉花套。

不同的人，会弹出不同的况味。有人是单调的劳动，有人却在原本简朴的劳作中，弹出悠扬的旋律，用不同的节奏，使这项繁复的劳动，也无端满溢着美感和诗意。

年幼无知，也常趁着弹棉者歇息时，偷偷凑上去，拎起弓架，对着弦，挥上一锤，结果震得手臂发麻。嗡嗡作响的弦，缠上松软的棉絮。

而小孩子们却如雀子一般，又不知道跑到什么地方，躲藏起来。然后伸出头来，从树后屋旁，悄悄张望，笑成一团。

那男子，喝口水，歇口气，背起弓架，继续沉湎其中，用自己的节奏，奏起自己的乐章。在丝絮飞升的空气和尘埃中，他的脸静穆安详。他的女人，头发蓬松着，不时添着棉絮，间或立在树影里，静静看着男人勒出印痕的脊背，聆听只有她懂得的曲调。

那些发黄、紧凑、散发体汗和种种莫名气味的棉胎，总会在那绷弹的音乐中，将一种声音变成另一种物质——

在弓弦忽上忽下、忽左忽右，有节奏地振动中，棉絮成飞花，重新组合，又成了一件新被胎。

单调的弹弦遮蔽着清贫而简单的日子，可每每在某个阳光明媚的午后，静静观望，都会置身于一种恍惚又神圣的倾听里。

李白听琴，蜀僧抱绿绮，挥手之间，如听万壑松。

而彼时，我听弹棉花，亦觉其活力无限，可偏偏那些尘霜白絮挂满弹者的头发上，分明又似在诉说生活的无奈和艰辛。

弹棉花是门老手艺，如今城市里虽不多见，但于我这样的人来说，忽而想起，还觉亲切如昨日。

母亲家的橱里，依旧收藏着好些棉胎。那些棉胎都是新收下的棉花，经过曝晒，弹松，网好，一床床，带着阳光的味道，带着岁月的呼吸，从遥远的新疆寄到这里来的。

母亲像宝贝一样收着，给这些棉胎罩上棉被套，厚实又松软。母亲常说，这些好棉花呀，这些好棉胎，盖起来吸汗、贴身、暖和、舒心呢！

她对羽绒被、蚕丝被的温暖度一直抱一种坚定的质疑态度，那么轻、那么薄，哪会踏踏实实的暖和？

那些棉胎有一部分还没派上用场，依旧收着，从新收到旧。

每到酷夏，一床床棉胎被拿出曝晒，特有的棉花香，让人记忆犹新。仿佛看见，随着一声声弦响，一片片花飞，一堆棉花像变魔术似的成了眼前这方方正正的被褥。

曾几何时，弹花匠走街串巷，在吆喝声里，一扇扇门打开，走出一个个怀抱棉胎的男人女人。他们亲切交谈，他们驻足观看，他们手抚新棉，表情欢喜。

如今，随着时代的变迁，品种繁多、色彩斑斓的蚕丝被、羽绒被慢慢占了主流，手工弹棉也被机械操作所取代，木槌敲击弹弓那悦耳的声音渐渐成了历史的袅袅余音。

“棉花街里白漫漫，谁把孤弦竟日弹，弹到落花流水处，满身风雪不知寒。”那些过往岁月，却在新生活里，如诗如画，活灵活现起来。仿佛透过时光，看到他们的脸，笑容干净，纯厚，无遮无挡。

如此，就这样，简约，明朗，平和，抒情。按照既定多年的样式，铺设此时动人光亮。让我在回忆里回归与怀想一次。

聊着雅致的古琴，想着大俗的弹郎。一种悬殊，两种生活，而生活本来就是各有出处，各有归安。只是，对弹曲的弹郎，在温暖的棉被下安歇的人们，能有多少会对他们仰望？

女红——勾勾搭搭的温暖

在我的潜意识里，“女红”就是那些缝缝补补、针织刺绣之类的活计。这些活计，必定离不开针头线脑。

这些针头线脑，通常是女人的专用武器。“女红”如女子的“武功”，绝妙之处在于心性的修炼，是凝聚了至纯至真至静至柔的女子的心血。老人们说，手工秀美的女孩子，心地也会贤淑善良。

《天仙配》里“你耕田来我织布”犹在耳畔。《红楼梦》中晴雯补裘，虽是“可怜空擅娲皇巧，难补他时离恨天”，然“密密弥缝破复全，手中丝共意缠绵”。回首处，“唧唧复唧唧，木兰当户织”。那些美丽温情的女子，穿越千年，来到眼前，盈盈笑处，尽在无言。

再瞧瞧，那一针针一线线，拼拼织织，穿梭来去，勾勾搭搭之间，一件件作品就完成了，就面世了，就成了实用的物件。

翻开字典，查看“女红”之意，旧指女子所做的纺织、缝纫、刺绣等工作和这些工作的成品。而今的“女红”主要由电脑设计、机器制作，加简单的手工，与旧时的“女红”在本质上已大不相同。

可是，无论怎样不同，那些女红做得好的女子，在旁人眼里，确也是聪慧的。

当年，那些大户人家的女儿，女红只是闲时的一种消遣，而小户人家则把女红当做谋生的手段。

“十三能织素，十四学裁衣”。在贫穷人家，在那些浆浆洗洗、缝缝补补的岁月，女红已经融入了女子的生活，所谓“一夫不耕天下为之饥，一妇不织天下为之寒”。更有那“德、言、容、功”的“标尺”在衡量着她们，哪个女子敢轻视了女红?

等到初长成时，女孩早已是有一手的好针线活了。

小时候，我们总穿着母亲做的布鞋。

那时候，家里破了的衣裳，铺平了，刷上浆，晾干了，一层一层，剪成鞋底样子。然后，就是搓麻绳，拧麻线。一切准备工作就绪，母亲就开始一手拿着锥，一手牵针引线，开始纳起鞋底。

母亲的女红，真是没得说的。

鞋子做得舒适，很养脚。鞋面儿，母亲也会别出心裁地绣上花。不过，那只是小孩子的鞋面上才有的花瓣。

家里的枕头上，母亲绣有鸳鸯戏水，有喜鹊闹枝，也有迎春花开，牡丹绽放的富贵满堂图样。

母亲的针线盒里，总是放满各种颜色的针线。当然，还有一大本旧画报，画报里收着她当年不知从哪里剪下来的图，描下来的针织样品。

当然，母亲会做的，不仅是鞋。织毛衣也是母亲年轻时的绝活。

各种花纹，各种款式，打母亲眼看过，回到家，就开始摸索试验。

在我眼里，那些毛线、棉线，就那样无限延长。仔细想想，一件衣服，要勾打多少针，才能织就成我们身上穿的毛背心、毛衣啊。

麻花纹路的、水波纹路的、开衫的、套头的、高领的、低领的，穿出去被大妈、大婶看了，便会去找母亲讨教织毛衣的针法。

母亲说，当年打一条毛线裤子，仅用两天时间就能完工。表情自豪而又快乐。可是，转眼又叹气，到底人老眼花了，打毛线远不及从前那么伶俐了。

犹记得孩提时代，裤子膝盖处总会破洞，母亲就剪出小猫、小狗、小象的模样，绣成彩色的图案，然后缝在那些洞上。

如果那时母亲能抓住商机，批量生产这些布织类拼贴，大抵也是可以小赚一笔的。至于家里的窗帘，也是母亲亲自选购布料，细细地缝出来的。

母亲的手，在我的记忆里，总是不停地忙，不停地动。很少见母亲的手是空着的、闲着的。只要闲下来，手边必然有针针线线。

那些年，经过母亲的手，那些线在与针的不停对话中，变成了大人和小孩子身上的温暖，变成了枕上的故事、脚下的踏实。

日子在母亲手中的这些女红中，忙过去。

生活，在这些女红中，丰富起来。

想来，无论何时代的女子，当她将自己的灵性和聪慧、柔情和期待统统缝进那些衣饰中以后，随着岁月的打磨和浸染，那种沉静温和最终会沉淀而出。

那是生活的艺术中饱含的女人风情，是慧质兰心的女人独有的妩媚，是无心插柳的诗意，与“低眉信手续续弹，说尽心中无限事”有着异曲同工之妙。

近年，十字绣开始盛行，女人们都热衷于此。由于它针法易学，色彩鲜明，用针线做铺垫，以色彩来表现画面的虚、实、浓、淡，所以，深受广大女性喜爱。

朋友在节日送了我一幅她绣的《满江红》，大气浑然，装裱精致，每每观赏，都赞不绝口。

也在一些朋友家看到过灵巧的主妇，她们在那些洁净的绣布上，针丝细密地勾勒出远景的清淡，和近处的鲜亮。

有气迈骄昂、雷声如骤的万马奔腾；有巍然屹立、飞瀑千里的嶙峋奇峰；有牡丹傲放、百花吐蕊的富贵满堂。

精于女红的女子，手底那些缝缝织织，那些穿针引线，都从不经意间，将绣者精湛的针线技术表现得淋漓尽致。

我也曾起过念头，去学习织一件围巾或者毛衣，为自己的父母。只是母亲却不让我的手拿针拿线，只让我的手去拿书拿笔。

这是母亲深藏在内心的另一种私密的爱吧，她觉得自己的这一辈子，就这样平凡地流逝掉了，就在衣服、布料堆中一针一线细细缝补中度过了平稳的大半生。她已经这样慢慢细细地让岁月悠悠过去了，而她的孩子，不该学习这些来浪费更宝贵的时光。

虽然母亲不说，我也懂。

如今，商店出售的纺织品，已成为缝纫和刺绣中的“快餐”，虽然与传统女红从本意上已相去甚远，但花样依旧繁多，将人更多的时间从手工制作中解放出来。

我和我身边大多数女子一样，忙于在单位独当一面，忙于小资生活。宁愿去茶座品蓝山与雀巢不同的味道，乐于花大把的时间在商场漫无目的地闲逛，或者在闲时午后，对着电脑写下一篇又一篇文章。而对女红，依旧是一窍不通。

但是，当男人衣服上的纽扣掉了，当顽皮的孩子把裤子的膝盖处磨破了一个洞，我亦学着母亲的样子，安静地坐在一隅，为自己的丈夫和孩子，缝缝补补。

举手投足看似平淡，可是每每想及那一针一线中，已盈满了自己对家人的无限深爱。

清单——让人生有个态度

你知道，当一棵草有了愿望，就会开出一朵花；当一只蚌有了愿望，它会长出一颗珍珠；当一块石头有了愿望，它会成为一座城堡；当一个人有了愿望，他会长出飞翔的翅膀。

当然，也许，他长不出飞翔的翅膀，却叫人一步一个脚印，走得踏踏实实，清清楚楚。迈出的步子，没有犹疑，没有举棋不定，有的是坚定，有的是清晰，有的是斗志。

愿望在哪里？有一种最简单的方法，或许，很多人正在用。有人写在本子上，有人记在心里，有人时时刻刻含在嘴上，有人把它记在手机的备忘录中。

心理学中有一种疗法，就是当你有苦恼，或者举棋不定、难于决断时，医生会建议你把困惑写下来，一一列出为什么要做出决定，它的优点有哪些，缺点有哪些。然后看看你的真实想法，孰优孰劣，再做决定。

其实，我们在生活中也需要这样的清单，不一定要这么详细，只要写出你拥有的就足够了。当我们列出这份清单时，你会发现其实自己拥有的远远比想象的要多。

列一份清单，好吗?

比如，我每次去超市之前，都会列一份购买清单。

牙膏用完了，蜂蜜需要买，毛巾该换新的了，还有果盘里已经空空如也……这样去购买时，就可以直奔目标，最后也不会觉得什么钱是花冤枉了，什么东西买得多余了。

出门旅游前，列一张清单，仔细查看出行需要的物品。提前在网络上了解一下旅游地点的风俗人情、景观去处。

这样，目标清晰的情况下，所闻所见，都会在心中记得更加牢固。那些图片带来的视觉效果与真实所见，通过对比与区别，那些感动与惊叹，也会来得更强烈些。

每周一，单位都要开一个周例会，将这一周的工作列个清单，将每个部门需要做哪些事情，这个星期的工作重点一一罗列，使每位职员对于此周的工作，皆做到心中有数。

每个单位在新年之后，自然是要制订工作计划的。日后的工作按这些计划进行实施，不疾不徐，什么时间做什么事。

那些计划，起到的就是纲领性作用。

当然，生活中每个人也应该随时给自己列一份清单，把自己的愿望和目标一一写出，一个个去实现。生活将会为此变得有条理，千头万绪的事情，做完之后，都是一目了然的。

美国探险家约翰·戈达德，15 岁时就把自己一生要做的事情列了一份清单，称之为“生命清单”。

他给自己明确了所要攻克的 127 个具体目标。比如探索尼罗河，攀登喜马拉雅山，读完莎士比亚的著作，写一本书，等等。44 年后，他通过顽强的努力，实现了 106 个目标。

回望自己，终将如何度过这一生，最终要实现哪些事，起初也并没有一个详细的计划。那些时候，每走一步都没有布局，那些过程，过去了，也没有值得怀念的事情。

总以为，将要这样过完简单的一生，甚至可以从现在看到未来的自己。某一天却突然觉醒，离开沉迷的电脑游戏，离开无聊地吃着零食看着电视的生活，想要有一个丰富的生命旅程，想要给自己的生命列一份清单。

我在网络上开了博客，开始一笔一画写下自己的随笔、散文、小说，谁知一发不可收拾。那时，我也给自己列了一份清单，一年要发多少篇文章，在几年之内要登入省作协的门槛。

这样一来，我能够闲下心，静下心来读书写作。

当目标成为一种追求的方向，成为动力，当目标一一实现，我在这些成长的过程里，内心日渐丰腴。

给人生列个清单，不光是安排先做什么后做什么，更为重要的是，它使我们树立了理想和追求。

给自己的人生列个清单，让它抓住我们脑内的想法，记录想要完成的任务和想去的地方。此时，不过是把清单共享，希望影响身边的一些人。

如今，我的电脑里已经有一部十几万字的游记、一部教育随笔、一部短篇小说集、一部散文集。待时机成熟，细细修改，出版成书，只是时间的问题。

十年前，我说，十年的时间里，我一定要去一趟西藏。如今，我写的西藏游记，已经让很多不曾去过的朋友也仿佛亲历。

十年后的今天，我说，十年或者二十年间，我还要去云南，去日本，去美国转转。这些算不算给自己的另一份人生清单呢?

当一个人能够围绕着生活，对自己的未来布置有序，并愿意遵循着一定的步骤去实施，这何尝不是有益的人生规划?

虽然愿望是美好的，每个人都有自己的愿望。但最终，有人奔着那个目标，越走越近，直到实现，直至飞得更高。而有些人，却依旧生活在平凡的世界里，过着平凡的日子。

或许，行动，才是根本。

一生太长，太长的一生，有着各种变化。

其实，在我们漫长的一生里，需要的何止是一份生活清单呢？

那些曾经给我帮助和温暖的朋友，虽然好久未曾联系，但时而想起点点滴滴，都似春风化雨。

相聚，道谢，当初在一起的光阴，细细回忆，美好往事愈加珍贵。给自己列一份友谊清单，会使人觉得处处有温暖。

亲情无敌。从小到大，父母的关爱、体贴，可曾有一丝在心头流荡？反思一下我们又回报了多少？付之于行动的温情，还等什么呢？

亲情清单，是要懂得——回报父爱母爱，应该做到孝，做到顺，做到尽可能使父母放心、安心、开心。

办公室袁 MM，每天都把要完成的任务写在本子上，避免自己忘记，完成一件便划掉一件。

我觉得此法甚好，如此这般，便可以审视这一天是否虚度了。看到那些划掉的痕迹，她的心里必是塞得满满当当的成就感。

人生不光要有愿望，更要有一种态度。

看着身边很多人，天天策划商品，策划利益，策划情感，到头来却迷失了方向。

其实，策划人生，要从策划自己开始。确定自己的目标，经营自己的强项，激发内心的潜能。

当我把目标与自己一生的使命相联系时，我发现人生的每一天都有它确定的意义。

古语有：“凡事预则立，不预则废”。

夜深人静的时候，有的人忙于休养生息，有的人在看电视、聊天、打牌，也有人在唱歌或者应酬。而我则在夜灯下，在书本里，在电脑前，完成着自己计划中的读与写。

当然，懈怠也有。看看身边很多比你优秀的人，也比你更努力。这时，还有什么资格忽略计划?

千真万确。如果你对自己做的或将要做的事没有任何准备，那就意味着你在为失败做准备。

我只知道，当我每天每周的计划都能完成得很好，那么我所盼望的成功，将会是一个水到渠成的结果。

日本人也主张每天努力改善一点点，他们认为，即使提高的步子不能使你闻名世界，但却一定有助于做出更好的成绩和获得成就感。每天进步一点点，其实最适合于完成我们的目标。

就这样，给自己列出一份份清单吧，对生命，对友谊，对亲情，对爱情……

就这样，正确地对待自己，成功地发现自我，客观地分析自我，圆满地超越自我。

清洗——铺展时光的容颜

我立在窗户旁，透过玻璃看向窗外：这是典型 21 世纪的明朗天空，带着几缕流云。

这样的天空，不够湛蓝，不够透亮，与 20 世纪 70 年代的天空比起来，我相信，它的确少了更纯粹的蓝、更洁净的空气。

雾霾，有时无声无息地就降临，城市的天空有时灰着脸，灰得让人沮丧。

口罩需要清洗，手洗就行。至于更多衣裳，已经躲进滚筒洗衣机的肚子里，静静等待着机器的按摩。我喜欢看这些衣服，在清洗的时候绞在一起，那是一种痴缠。

男人的、女人的、老的、少的。这些衣服，在这里相遇，衣服也就有了衣服的家庭。而换了衣服的人，闲闲散散，在家庭的各个空间里，做着不同的事情。

书房里，有做作业的孩子，客厅里有看电视的丈夫，卫生间里，有清洗的女人。

我努力将所剩无几的洁厕灵倒入马桶，拿起专用刷子，开始刷洗瓷器。这时候想起某天看到的一则小文，说日本的清洁工洗过马桶后，可以直接饮用马桶里的水。

这只是说，他们的清洁工作真的做到彻底干净。至于我，不必要做出那么大的牺牲，来为自已的家务工作做一个肯定。

只是，清洗之后，看着积灰的地方已亮白如新，这便微妙地增加了我的快乐。

当然，这天气真是好，好得像是善人的好心肠，透着暖意和光芒。

在这样干净明亮的天气，油然而生的是平日里没有的乐观。

洗衣机在唱歌的时候，心里又格外喜悦起来。机器时代的好，在此时体现出来了，它将手工劳作解放出来，一切，都由机器搞定。

可是，沿袭着上一代人的传统，我对一些内衣还保持着手洗的习惯。

母亲那一代，所有的女人都习惯劳动，清晨也起得格外早。

我总记得，那个 80 年代的夏天，当第一缕晨光照耀在床前的时候，抬头就可以看见泡在大铁盆里的庞杂衣物。

煤球炉子上，铁壶中徐徐升起的热气，像一丝绵软的、带着清香的问候，向空气传递着它的安逸。

而那时的母亲，正埋着头，伸着臂，双手浸在大铁盆里。那棱条分明的木质搓衣板上，一件件衣服，就这样在母亲勤快的双手下，反复揉洗。

被洗衣粉泡白的手从浊黑的水盆里一次次捞取种种衣物，它们沉甸甸的，像那时的生活，缓慢而有质感，如果实一样重且扎实。

常常可以看见，年轻的母亲将袖子高高挽起在肘上，水渍溅起，鞋子裤脚，被水渍浸湿也全然不放在心上。

出得门，过了马路，有宽宽的水渠，那不知从哪里流来的水，静静浅浅地流，像不会停歇，不会干涸。边上有青石，也磨得锃亮。

在天气温暖的时候，人们更喜欢到这样的水边开始她们的浣洗工作。

当然，来得更早的女人，就会占领那些大石块、大石板。棒槌握在手里，不停对着盘在石头块上的老粗布裤子，花花绿绿的床单，嘭嘭地敲打着。

那些肥皂液，也滚出一个个肥肥的泡泡，在沉甸甸的布匹与恶狠狠的棒槌之间，瞬间破灭了刚刚升起的晶亮球体。

有那么一个夏天，还在读小学的我，也如同母亲一样，端着一盆薄衫，早早到那溪边浣洗。

夏季的薄衫，倒也用不了多大力气去揉搓。当洗净的衣裳打开，浸入水中，漂在水面时，我更喜欢看那些花花绿绿的衣裳在水里任意漂荡的姿态。

仿佛水里盛开的花，在流水的作用下，衣衫也似乎是有灵魂的身体，附着自然的精魂，带着自然的味道，起伏、游荡、舞蹈一般。

那些岸边的石头、草叶，甚至不知从哪里爬出的小虫，此时，也显得极尽人情。

那个夏天，就在知了先知一般的叫声中，我一下子有了成人般的责任感。每每端着这样一盆洗净的衣裳回家，自豪之情涌满心头。

回到家门前，低下身，开始晾晒。

那时，家家门前都有大树，树与树之间，连着铁丝或者麻绳。铁丝年深日久，有些已经嵌在树身中。树是水杉，一排溜的笔直。细小的叶子也散发出特有的清香，常有蝉蜕的壳，空空亮亮。

而那展翅的蝉，似要将深年埋在泥土里的委屈，在阳光下全扯出来，放出来，所以，叫声嘹亮，歇斯底里。

彼时，对于这些都不放在眼里，耳朵习惯了这些叫声，眼睛熟识这些，便视而不见，听而不闻。

当然，清晰的回忆总是：父母隔在两边，朝相反的方向，吃力拧干哗哗滴水的床单或被面。然后，看着他们啪啪地抖开布匹，像抖开一种新生活。

日子在这样的浣洗中，无休无止，却平稳安详。风有时咧咧地刮，有时，暖得像温柔的手。

家家户户，门前绳索上挂着花花绿绿，有时静止不动，有时飘扬如旗。

在太阳地里，树与树相连的铁丝上，垂着条纹的，或者富贵大花的床单。那种喜气的红，已经掉色，在岁月的底子里，显出另一种红里泛白的纹路，如同那些泛泛的被打磨过的生活。

还有那些冬季的棉被，像一个个神奇的屏障，不动声色，又坦开胸怀。那些隐藏在衣物褶皱里细微的秘密，已在阳光下荡然无存。

孩子们在晾晒的衣物间躲藏、追逐。这是最好的玩耍地方，头在空隙中钻来钻去，那香软的太阳味道，就这样透过这些布匹，绵绵不断。

此时，我从洗衣机中取出那乳白色绣花的床单，抖开，打开窗户，探出半个身子，将它们挂在阳台外的晾晒架上。

于是，阳台外，如同竖起一面旗，又似悬挂一张帆。

有时我就这样立在窗台，望向别处。这样的旗帜，这样的帆，载着一家家的故事，源源不断地和太阳连在一起。

透过此处，仿佛看着家家都带着现世安稳的好，在阳光下，别有意味。

散步——凌乱在一段小路上

《琅嬛记》云：“古之老人，饭后必散步。”

也听老人们说起，饭后百步走，活到九十九。只是，举目四望，路上行人皆如断魂。走，也是疾步走的居多。就算静坐的，大都是低头族，手机抱在怀里，目中再无别人，再无别的风景。

散步的人群里，老人居多。

有时想，等我老了，再把时间慢下来，把心闲下来，咱们也牵着蜗牛去散步。

心焦气燥的人，是不会懂得散步的乐趣的。

散步，当然重在“散”字，要慢慢走，随便走。

眼下，我放假在家，时间突然空闲了下来，还是喜欢下楼散散步。同时，也散散紧了很久的心。

冬日午后，是散步的最好时候。下得楼梯，进了大道，阳光正暖，微风如羽毛拂面。这时候，随处溜达。身边的人，扶老携幼的，一晃而过的，奔着跑着的。

心里便忽忽地冒出，夏日清早，街边、河道附近三三两两的老人提着笼子去遛鸟的情形。当然，更多的时候，还会看到许多年龄不同的人，牵着狗狗在溜达。

我是爱狗人士，对于引犬缓行的乐趣，自是感同身受。和一只不会说话的狗狗散步，那可是解乏消烦增乐的。

信步走，出得小区，便是汴河。沿河散步，四季皆有景。

春日柳抽芽，夏日繁花开，秋来黄叶飞，冬日水如镜。

我身边，还有与我一道散步的不足六岁的儿子，总在一边蹦蹦跳跳，有时如小雀子一样吱吱喳喳。

有时，他会和我对词。

比如他说绿树，我对红花；他说蓝天，我对碧水；他说黑色的车，我对白色的船。他又追加一句，黑色的车在马路上奔跑，我只好对，白色的船在大海中遨游。

虽然，我完全可以继续教孩子学习声律启蒙，使他懂得“云对雨，雪对风，晚照对晴空。来鸿对去燕，宿鸟对鸣虫”，这样的格律更富韵律。但想及如果要以一定的规格来约束孩子，反倒使孩子的思想失去了自由发展的空间，随他去随机应变吧。

在这样边走边说的时候，孩子的语感得到了发展。

记得初春的晌午，我与儿子依然在河边散步。一对母女迎面而来，母亲的手里拿着柳枝编的花环，花环上编了几朵洁白的玉兰花。那对母女把玩着花环，然后一人戴上一顶，从我们身边经过。

儿子问，她们是天使吗？真美丽。

年轻的母亲听了，转过脸，冲着儿子笑了笑，轻轻取下头上的花环，戴在儿子头上。

那时候，没有更多语言，只相视一笑，温馨便渐抵内心。

也有时是晚饭后，与孩子一道出门，慢慢散步。天上时而会有孔明灯，一盏一盏升到高空，墨色天空，星星点点。

儿子说，那是天空的眼睛吗？月亮是天空的玉碗吧？星星一定是天空的纽扣，那些云彩，一定是天空的衣服。

他说的时候很认真，听到我耳朵里也美如天籁之音。多有想象力的孩子呢，童言无忌，才会有这样美好的想象来。

不知几时，常走的那条路，渐又被绿化，又换新装。一到初夏，开出满坡满坡红的、黄的大花。一路走过，一边是摇曳生姿的柳条，盈盈轻波的碧水，一边是热烈得不能再热烈的繁花。

而花与树之间的石板小道，越发像一个长长的故事。来来回回地走，来来回回地读。虽然，同样的路反反复复走过，一路上却有故事催人行进，一路上也有故事留人驻足。

花开羞涩，或者热闹。飞鸟欢悦，或者轻啼。落日余晖下，云彩诡谲，晚风舒爽。花香漫天，落叶细语，常有垂钓者钓春花秋月，如断章中，不知谁是谁的风景。

看那人生雅趣，皆在此间。

因为花草，我爱上那曲折小道；因为那充满生机的小道，我爱上散步；因为散步，我深深迷恋与孩子聊天的时刻。

这使我觉得世态安好，莫过于此。

《战国策》里有“晚食以当肉，安步以当车”。吃不起肉，就推迟吃饭的时间，等饿了再吃，就好比吃肉一样香了；没有车坐，步行时只要走得安稳些，就好比坐车一样舒服了。

这样的人生哲学，是我所喜欢的。散步的时候，去掉所有的内心杂尘，便是美的。有时，也会如古文中描述的那样“纤纤作细步”，然后，自得其乐地咯咯直笑。

想及古时女子，莲步轻移，摇曳生姿，漫步花丛，要多美有多美。是一种诗情，更是一份画意。

儿子若是学来，我便呵斥，男子汉，是要踱方步的。

我做出那种款款方步的样子，让孩子记住，“你要迈出盈盈公府步，我们两人冉冉府中趋哟！”

腿脚散步的时候，心也在散步。

时不时会想及关于“步”的理解：“步步为营”的“步”，是小心谨慎，是叫人按部就班。《荀子·劝学》中，“不积跬步，无以至千里”“骐骥一跃，不能十步”是叫人做事持之以恒，不要急于求成。

立在十字街头，看着南来北往、东奔西走的人流时，停三分不抢一秒地礼让，学会止步，懂得停步便是美德。

有时，一个人走在路上，也喜欢举目四望。空气中的尘埃，路人的表情，甚至树的姿态，都可入眼入心。虽然浮尘四处飘，但心远地自偏，同样可以采菊小道边，悠然见古人。

古人散步，亦有别趣。

诗人陆游喜欢散步持书卷，宋代诗人杨无咎则“直不忍、苍苔散步”，也有人喜欢“午夜月明同散步”。

春暖花开时节，北宋书画家米友仁更爱“郊外春和宜散步”，唐代田园诗人韦应物不忘“散步咏凉天”。

诗人们散步，也未必都要走向林塘，走向户外。中庭散步，闲庭散步，散步闲扶短杖，散步双扶老……

苏轼散步，则很懂健身，“散步逍遥自扪腹”。唐寅散步，所见“吴王城里柳成畦，齐女门前水拍堤。卖酒当垆人袅娜，落花流水路东西。平头衣袜和鞋试，弄舌钩辀绕树啼”。

诗是相通的，在文学中散步，一不小心，散步成了诗，成了名句，“此是吾生行乐处，若为诗句不留题。”

有时，焦虑不安像藏掖在枝叶下的蝉，在黑暗中沉寂数年，破土时，总能躁动整个夏天。那时候，去散步吧，对自己说。

让散步使内心清明，让行走使烦躁被驱散。皓月下的晚风像一双多情的手，轻拂之下，神清气爽。沐浴其间，温情四起。一切尘埃都可视而不见，一切忧伤、惆怅、缺憾均被自然融化。

人生本是朴素无华，无需造作。

想及一首小诗：散步的时候，我走直路，儿子却故意把路走弯。我说，把路走直，就是捷径。儿子说，把路走弯，路就延长。

大人的散步与孩子的散步，总不尽相同。父辈总是用自己的经验教育孩子，孩子却总想体验更丰富的人生，哪怕走弯路甚至摔得头破血流。路走弯了，就会有挫折，有了挫折，必须面对，面对过了，就会快乐。其实快乐，就是成功。

无论怎样，在人生的长途中，以散步的姿态，渐行渐远，时时用脚步丈量人生的履迹，校正自己出征的航向。在健身与养心中，在思索与探寻中，不断成长，然后，终得豁达！

收藏——那些岁月，如何安放

朋友梅子说，前些日子去了高邮，带回来些高邮大闸蟹，邀我品尝。想着金秋十月，稻花香，蟹正肥，于是两眼放光，口齿生津，立即应允。

去的时候，梅子系着白色花边小围裙，操着锅铲，在厨房里不停歇地忙着。有模有样，举手投足，款款如画。

以前没去过她家。虽然她说自己上得厅堂下得厨房，我是信的，但货真价实的忙活还是让人大开眼界：出锅的草鸡肉、满室香、牛肉大白菜、黄瓜片儿、红烧鱼，还有煮得黄亮亮冒着油的大闸蟹。

装菜的碟子都有讲究，精致到细节，不服是不行的。

我止不住地赞，娶妻如此，夫复何求?

红酒、啤酒、白酒，随便选。杯子也配套。

桌上的烟灰缸很精致，是一个通身乌黑的卡通小人，白线条由脸而下，缸身是小人的一双巨手，边上小脚撑着，诡异但有个性。

我喜欢。就算不当烟灰缸，洗干净，也是个有趣的摆设品。

主人好客，一餐下来，酒足饭饱，醉意盎然。

梅子夫妻二人，好客，广游，豁达。

书房之内，满室瓶瓶罐罐，都是喝光了的各种酒瓶以及各式包装盒。

书橱之中，霍然摆着长剑一柄，地上随手丢着从西藏自驾时在藏胞家买的羚羊角。稀奇古怪的东西，不可谓不多。

家室装修，倒是简欧风格。两口子向来不拘一格。

“你们这书房，简直就是垃圾堆。”我在一边打趣。

男主人说：“受其母影响，所用之物，皆收藏不弃。”

影响市容之类的话就不说了，但凡喜收藏者，多有恋旧情绪。亦或者，我从日常生活中获得的经验可知：一个念旧的人，往往比逐新者更注重情义。

梅子也是，喜欢的衣服，也会收藏许多年。一件太平鸟的蓝衬衫，她送给了我。收藏的最终，还是送给适合它的人。

回头看，身边有很多人都是收藏家。

出外游玩的门票、小时候的手抄本，甚至破得摇摇欲坠的椅子，幼时攒下的糖纸、存留的硬币、捡的石块、烟盒、火机、破铜烂铁……

高级一点的，家中柜橱摆满各种酒。也有收藏玉器或者古玩的，那是很烧银子的。普通民众的收藏，自然不在其列。据说，李连杰爱佛珠，每一件都价值连城。

回头看，连我娘家也收藏着一床又一床的棉被，生怕冬日床上不够暖，被子不够盖。可现在有了空调，有了电热毯，有了蚕丝被，谁还在乎那些老棉被?

母亲依旧乐呵呵地收着，没事打开柜子看看摸摸，遇上阳光好的日子，翻出来晒晒，好像在晒那些藏在棉花里的旧时光一样。

当然，普通居家女子收藏最多的，应该是金银玉器之类，因为具有升值的可能。

那些首饰，件件都有故事，件件都是对记忆的提醒。

藏式银镯，是我在西藏深山里的藏民家买的。

那个古老的银制加工作坊里,穿着藏袍的女子们,身着银制腰带，在献上酥油茶时，还不忘告诉旅客，银子对人体的种种好处。

摆在架子上的各种手镯、戒指，有着莲花样的花纹，也有龙凤呈祥的雕刻。当地那些小伙子们，埋着头，坐在矮凳上，用工具细心打磨各种银碗银器，在银制品上刻字、作画。粗糙的皮肤，宽大的手，却将每个图案都雕刻得栩栩如生。

还有金手链，那是先生在云南旅游时买给我的。金光闪闪，没有图案，就一个简洁的手环状，套在我手腕上，仿佛他要用这金光闪闪的爱，来套牢我的一生。

先生自己也是一个恋旧的人，很多旧物都舍不得丢。旧包、旧衣服、旧鞋子，总是搁在那，收着不穿，却不忘记打听，有没有边远地区需要旧物，可以捐赠过去。亦或者哪天遇到什么灾害，这些旧物也能抵暖、御寒。他这样居安思危，常让我无可奈何。

至于有些旧币，占地小，随便哪本书里夹着，也可以做一份纪念。于是，也就收着不用了吧。

至于我这样没长远眼光的人，总在记挂当下的日子，哪有空收藏旧物?

在我看来，许多旧物因为使用率已降至最低，不再为自己的前途和利益说谎，它们自愿剥除所有的外在装饰，暴露多年隐瞒下来的真实内层：亮泽完全移开后，留下的暗淡底纹，磨损的表皮和毛边儿，分布均匀的霉点，潮味儿抑或枯透的稻草般彻底的干燥气息，让人觉得讨厌。

还有，那些烟嘴，那些花瓶，甚至那些绢花，沾染着细腻无比的灰尘，洗也洗不掉的时光之色，单调中不失雅致，太阳底下不动声色闪烁出银质的光感，却又总在新物面前显得碍眼。

看看，无孔不入的尘埃，将起先华丽的壁毯，亮洁的地板，一点一点侵蚀，再无还原的可能。

那些尘埃呀，就是它们，对万物造成了惊人的破坏。可是，对于真正经得起时间考验的玉器、金器、石器却无可奈何。

旧物没有了再收藏的价值，有收购废品的人沿街叫卖时，就廉价卖出去了，可也同时移除了许多睹物思景的证据。

至于我的婚衣，已不知道它去了哪里。新鲜明亮的新衣，已将那些衰竭与陈腐的细节纷纷挤走。

有时，在古玩店停留，遇到古老的玉器我也从不购买。朋友想换一个更大的钻戒，有人介绍她去二手市场，说在那里可以以相同的价格，买到更大克拉的钻石。

不，这不是我要的。

我要的钻戒，该是新的。簇拥旧物，里面有过别人的生命，有过别人的体温，有过别人的故事，它怎么会融入我的骨血？她这样对我说。

或许，我从小就接受过无数暗示：托付在旧物之上的情感必将走向深渊和黑暗。所以我始终告诫自己，学会放手。

为我所用的，就用。不能用的，就弃了吧。所以留着首饰，也不过是在想，如果哪天大难临头，也可以当掉换个温饱。

婆婆家的雕花古床，依旧还在。睡在此床上的人，已换了几代。

有时觉得，旧物为时间作证，那些过往，值得信赖。

我在自己的家里，翻不出更旧的东西，好像也就避免回忆那些更遥远的过去。

当我满脸皱纹的时候，当我走完人生的时候，所有收藏，也不过是身外的那些物。离我之后，已成旧物，与自己再无关联。收有何用？只为一代又一代地传承吗？传承的，又是什么？

我们一面扔掉，一面收藏。那些旧物，终将有这两种命定的去处。

有人说，收藏就是使物品丧失了实用性和流通性，只具备审美意义。

有朋友喜欢收藏连环画，每一种版本的《西游记》，他得到之后都视若珍宝，小心藏好。

那些视之为破烂的人，忽略了其中蕴含的价值所在。

也只有那些有特殊爱好，或具非凡鉴赏力的人，才会将自己的兴趣所在，收集保存在某个隐秘仓房，只在对的时间开启或关闭。保留是件隆重的事情，也有最游离的细节。

旁观者看似零乱庞杂，而收藏者本人，却乐在其中。

回望童年，夹满了彩色糖纸的旧书，是一个小女孩的全部秘宝。

每一张糖纸都小心地保存下来，用书页压平，垫在枕头下，引导夜夜纯洁的美梦。

那时候，男孩流行收集烟盒，并且按牌子分出等级的高低。中华、牡丹、凤凰、大前门……

那些糖纸，那些旧书，那些烟盒，都到哪里去了？可能它们被粗心的父母当做废品变卖，也许，渐而长大的我们，已被成长中所遇的新物吸引，旧物如同过去的童年，一去不回了。

那些停在舌尖的甜意，不过是短暂的，而向前展望，满怀憧憬，却是人之常态。

那些物，已不在，但那些记忆，却成为了我内心宏伟堡垒的基座。

去乌镇游玩，那些老建筑，老得像一幅陈年的画。斑驳的墙，厚重的石板，光滑的青苔，还有那不变的河水，悠然晃过。

每一根古木，每一个转角，每一棵老树，都藏有着太多清贫，也藏有着太多的繁华。有着小家别院的清简，也有着大户人家的铺张……那些时光铺陈在老屋中旧物的光芒里。

时间在消逝，往事依旧寄存于古老的房梁上和青灰瓦片中。

这些旧物，总是停留在我们人生的某个时刻里，安静地躺在和煦的阳光下，散发着持久而美丽的光芒。

在苏州生活的那些年，常去那些老镇子上散步。老屋，古镇，有的被保留，有的被重建。在此间穿梭，寻找着能用心触摸的纹路，仿佛从远古走到现今。

暗想，这是对本真世界的远离，还是靠近？我一直疑问。

久久地，目光追随着那些在旧物上挪步的缕缕阳光，似乎开始明白，这是一种心灵深处的缅怀吧。

曾经，老家也是我喜欢的地方，一到过年，那里总是聚了最多的人气。那里的田野、小河，都像简单的人生，缓慢而平静。

如今，村里有不少人背井离乡，告别伴随着自己成长的老屋和田野，告别那荡漾着童年梦幻色彩的小树林，到遥远而浮躁的地方去寻找人生，闯荡人生了。

老屋，村落，也渐渐空了，旧了，塌了。曾经的灶台、老瓦，甚至犁耙，都在各种新事物的引诱中苦苦挣扎，然后消失。

原来，能够还原生命，让心不再空洞的归宿，依旧是那故乡的老屋和土地，是梦里常常出现的田野和小树林，是那些已然消失或正逐渐逝去的旧物……

能收藏的，继续收藏。一生都辗转在这些藏物里，时时回望，动辄缅怀。不能收藏的，逐渐舍弃的旧物，如同旧梦，总也会成过眼云烟。

可是，当没有了那些旧物的依托，内心深处深深迷惑，那些过往岁月，到底如何安放?

收购——做一次灵魂深处的思索

家里的电视机已经老旧，这台电视是那种大肚子带显像管的，又笨又重。当初买的时候，觉得真体面，34 寸。

没想到几年一过，液晶电视已经走入千家万户。可是，家里这个还用着好好的，依旧图像清晰，卖力地为主人服务着。

每每去参加朋友的乔迁喜宴，看着人家墙上挂着的液晶电视，就像挂着一幅会动的画一样，既不占地方，又显出居家的高端大气，心里就对自家的那个老旧电视机越发有意见了。

换了它，换了它，换了它。一定要狠下心来，毫不犹豫地换了它。

于是，去商场问，有没有以旧换新？有的，好吧，添些钱，换个新的。现在，心里安了。心安的同时，想想那台电视机陪我走过的日子，依旧在眼前。

周末，或者雨天、雪天不上班的时候，倚在爱人的怀里，歇在暖暖的被窝里，看着各种节目。有时也会抢台，因此而闹着小意见，然后妥协，然后选择两个都爱的节目看。

那时候，觉得这种日子多么好，多么满足。

如今，有了平板电脑，有了笔记本电脑，电视也不常看了。摆在客厅的电视，很多时候形同虚设。

似乎那些过去为了节目而抢台的故事，也像是一个幻影，从来没发生过似的。

空调也旧了，要换新的。

还有，家里的旧书，那么占地方，在书架上，看上去，多么破败。寻找收购废品的人，他们在哪里?

有时，会听到收废品的声音。收购的老汉或者中年男人，骑着三轮车，车把手上绑着喇叭，声音就从那里传出来的。

不同的人，也会有不同的收购内容。

有人收头发，有人收废纸，有人收购旧电器，分门别类。

我不知道，这些旧物都流向哪去了，那些存在旧物里的时间又流向哪去了。

小区里有一个收废品的摊点，因为家里的旧书要卖，于是打听到地点，寻过去。

那是一间小屋，临围墙处搭建出来的，里面分门别类，摆满了旧电器、旧报纸、纸箱、铜线、空酒瓶和罐头瓶……

那些废弃物品，如同生活中抖落下来的灰尘，就这样被收捡起来，积聚在一起。

小屋没有窗，门开着，凌乱的屋子里，这些消费之后残余的部分，这些隐匿于家庭各个角落的时光退伍者，聚拢在一起。它们的身份在此时是一致的，像没人要的孩子，灰头土脸，黯然失色。在这些弃品里，似乎再也看不到什么要意。

门前，还有人在处理废品，争取着那些以为再也不需要的弃物的最后意义。主人的目光，不再看这些弃物，而是落在一柄杆秤上，仔细打量。

那秤星的金色斑点，均匀，精密，排布在纤长乌黑的杆上。秤锤，似乎隐含权威，一块铁陀，在此时也有了使人斤斤计较的分量。

那些曾经的私人用品，由于年限太长，终被废弃。那些隶属于个人的、曾经珍贵的东西被忽略、被抹杀。

我不知道，收购者脸上浮现的笑意，是否来自于计算废物们余生的价值。而那些主人，变卖旧物，拱手相让既往的经历，换回几张皱巴巴的小额钞票——这却是建立在对往事的大量浪费和低价出卖上，人们似乎已经在旧物中提炼出了有益于今日的经验。

家居陈设，需要实时清空，才能重新留有库存。

有人说，清空过去，才使人阔步前进。厚厚一摞报纸上面的社论述评、重要新闻、模范事迹、天气预报以及副刊上托物言志的热血文章……一根结实的麻绳捆扎起纸页上负载的历史，它们现在以每斤几毛钱的价格出售——什么经得起时间的消磨?

时间会过去，不需要的，将会再一次变成造纸浆。它在被毁灭的同时，又将面临种种新生。

不得不承认，每个人都在为制造旧物而努力。而有些旧物，也许是古董，是价值连城的宝贝，它的缘分连同它的生命，也在漫漫的长途里，正经历着一次次相遇或者一次次毁灭。

每一双旧皮鞋，曾经都是新的，合着人的脚，走过多少路，见识着泥泞和平坦，见识过地铁和电梯，见识了冰雪和绿草落叶。

如今，它静静地被左一只右一只甩在一边，裂缝里，有的会长出杂草，突兀而颓废。

一本摊开的笔记，凌乱中，有糖纸和卡片散落出来。其中有没有一个孩子的成长故事，记载着青涩年华里，内心呈献的小秘密？

是的，还有那一缕黑发，曾附着于一个活泼可爱的生命躯体上。它的主人美或丑，已经无法从这缕黑丝中看出。生时它乌黑、油亮、生趣盎然，如今和种种杂物堆放在一起，发辫忽然变得丑陋、悬疑，甚而带有显而易见的恐怖意味。

可是，如果没有收购，它们又将何去何从？

它们不会永远停留在某个地方，安居乐业。它们不会永远鲜若初生，使人爱不释手。它们在完成自己陪伴的使命之后，总归是，尘归尘土归土。

如一份感情，如一段婚姻，如一个生命。

起初，都是光艳四射，起初都是生机勃勃。

然后，慢慢老旧。

谁来收购？

有些东西，永远不会出现收购者。而收购者的出现，是将一份看似无价值的东西重新安排还是继续毁灭？

二手房、二手车、被弃的婚姻、被搁置的感情，在新一轮的收购中，又有怎样的命运与之联系？

人的躯体又由谁来收购？

不是有人在年轻的时候，就被金屋藏娇？

此时，在我的脑海里，又冒出那么一段话。

收购灵魂者说：“自然有人愿意出卖灵魂，而且人数不少，不然，我就失业了。我们购买灵魂的方式很多，有时靠金钱，有时靠美色，有时靠权力……一般说来，我们往往投其所好，反正魔鬼准备好了你能想到的一切支付方式。只要有人肯卖，我们就收购。

“不过，人的灵魂是有差异的，有的纯净一些，有的污秽一些，有的强大一些，有的弱小一些。灵魂的这些差异，决定了灵魂的价值不等，所以这要求我们这些收购者拥有一双敏锐的眼睛，评估出所要收购的灵魂的价值。”

不知道，我们的灵魂是健全的，还是已有一部分被人收购。只是我们自已还不晓得，或者明明知道，却宁可丢掉一些灵魂，换一些实惠于己的东西。比如继续做一份自己不喜欢的工作奴仆，却能换来金钱；比如继续被婚姻收购，换来门当户对的假美满……

爱，可不可以被收购？用什么来收购？

收购，有时是等价的。如果用爱来融化爱，人们情愿彼此收购。

我如是想！

思索——可以不深，但真的从容

“月亮睡不着，在星河里洗一把脸。从东逛到西，踏着星云散步。星星也无眠，眨着思索的眼睛幻想。终于拖着智慧的光芒，划过美丽的夜空。”

读着这样的句子，夜在我的心里，就有了生命，有了童话色彩。写出这样句子的人，我认为是经过思索后方得佳句。

每每带着年幼的孩子散步，或者在一边看他与小伙伴玩耍，一堆土在他们眼里都成了道具——给蚂蚁做一个城堡，放几片叶子给它们当床。再来，做一个新的通道，撒泡尿在窝窝里，哈哈，那是它们的游泳池。

那边是孩子们玩得不亦乐乎，这边是几位老人在墙根底下晒太阳。有的眯着眼，有的聚在一起打着纸牌。也有的，就那样安静地看着孩子。

一切在冬日的暖阳下，都显得如此安静祥和。

这时候，我的脑子里还会想到《会跑的黑板》，讲安培在思考问题的时候把马车的车厢当做黑板的故事。

安培对学习的痴迷，引人发笑。可是没有思索，又哪来这些月亮散步，为蚂蚁盖房子的趣事？又怎么让人明白，认真思索是可以有所作为的呢。

至于陈毅将军小时候学习太投入，把墨水当芝麻酱蘸饼吃的故事，也总是教育孩子们，学习的时候要专注。古今中外，因为专注于思索和学习，闹出笑话的不止这两位。

每读到喜欢的书，都会反复读几遍。《红楼梦》里黛玉葬花一段，我总说这黛玉太有创意了，连花开花谢，都可以打个广告，从此传颂八方。

教孩子读绘本《猜猜我有多爱你》，读的时候倒也没有想太多，轻声慢语地和孩子一起读。

小兔子该上床睡觉了，可是他紧紧地抓住大兔子的长耳朵不放。他要大兔子好好听他说：“猜猜我有多爱你。”

大兔子说：“喔，这我可猜不出来。”

“这么多。”小兔子说，他把手臂拼命往两边张开。

大兔子的手臂要长得多，“我爱你有这么多。”他说。

“嗯，这真是很多。”小兔子想。

儿子，也把他的手张开，张开得不能再开。他也说，妈妈，我爱你有这么多。

“我的手举得有多高，我就有多爱你。”小兔子说。

“我的手举得有多高，也就有多爱你。”大兔子说。

“这可真高。”小兔子想，“我要是有那么长的手臂就好了。”

儿子也如是做。我一边和他读书一边说，妈妈对孩子的爱，永远是最无私的。我伸长手臂，举到高得不能再高。母子俩一起读书，一起比划的时候，时间过得饱满快乐。

儿子赶紧翻开下页。

小兔子又有了一个好主意，他倒立起来，把脚撑在树干上。“我爱你，一直到我的脚趾头。”他说。

大兔子把小兔子抱起来，举过自己的头顶：“我爱你，一直到你的脚趾头。”

“我跳得多高，就有多爱你！”小兔子笑着跳上跳下。

“我跳得多高，就有多爱你！”大兔子也笑着跳起来。他跳得这么高，耳朵都碰到树枝了。

这真是跳得太棒了，小兔子想，我要是能跳得这么高就好了。

“我爱你，像这条小路伸到小河那么远。”小兔子喊起来。

“我爱你，远到跨过小河，再翻过那座山。”大兔子说。

这可真远，小兔子想。他太困了，想不出更多的东西来了。

他望着灌木丛那边的夜空，没有什么比黑沉沉的天空更远了。

“我爱你一直到月亮那里。”说完，小兔子闭上了眼睛。

“哦，这可真远，”大兔子说，“真的是非常非常远了。”

大兔子把小兔子放到用叶子铺成的床上。他低下头，亲了亲小兔子，对他说晚安。

然后，他躺在小兔子的身边，微笑着轻声地说："我爱你一直到月亮那里，再——绕回来。"

我不会翻筋斗，不能跳得很高。我们在读这个故事的时候，却可以看到爱，就是这样多得不能再多、远得不能再远、广得不能再广的爱。

爱是没法比划、没法说清、没法解释的。可是我们却依旧深信，爱就是一点一点积聚的生活细节；爱就是妈妈给孩子读一个关于爱的故事；爱就是孩子和母亲之间那种血脉相通的感受。

爱是什么？孩子没问，我也没说。

合上书的时候，我总要用大人的语言总结一下：大兔子对小兔子的爱，无私、广博。妈妈对你的爱，也像大兔子一样多，妈妈永远爱你。

而小兔子长大以后，他的手臂也会变长，他能跳得更高、更远。他对大兔子的爱，也会越来越多、越来越深的。

这是孩子读后，反馈给我的答案。

这个答案使我大吃一惊。

儿子又说："妈妈，我对你的爱，像树上的叶子那么多，像冬天里的雪花那么多。我对你的爱，像路上的汽车那么多，像水龙头里流出的水那么多……"

妈妈，我永远爱你，爱你现在的样子，你的头发变白了，我也爱你。你长得不好看我也爱你。说着他又甜蜜地问："妈妈，你读书累了吧？趴着，趴着，我给你敲敲背。"

本来，是想和孩子交流关于爱的问题，而孩子却用他的方式告诉我，他对我的爱，竟然那么多，而且很真实。

随性——总有一点隐秘的小情绪

随性生活，随着自己的心，随着自己的性情，做自己喜欢的事。

突然与“随性”二字相遇，我看着它，像看到了一张网。蜘蛛在网中央，它织出的网，永远是那么丝丝不乱，它在自己的网里，想怎样就怎样，翻跟头也行，打滚也可，晒太阳睡懒觉，谁也不能怎么着它。当然，它有时会躲在网的一隅，静等猎物。

活在自己的世界里，多随性的一只蜘蛛。

如我，在家的空间里，整个屋子都是我的领地，想怎么折腾就怎么折腾。

可是，它也害怕风，害怕雨，害怕一根调皮的树枝将网扫落。它随性生活在自己的网里，生活在自己的世界中，在随性的同时，承担着同等分量的风险。

没有多少人可以完全随性，想在欢乐时尽情地笑，想在悲伤时尽情地哭。小孩子的乐和笑，都是尽情的。只是大人在一边，看着他笑，跟着笑。可是听着他哭总会说，不许哭，摔倒了爬起来，做勇敢的孩子。委屈了，又怎样？人哪有不受委屈的，哭什么？

朋友一直未婚，很多人替她着急，为她张罗相亲对象。当事人，却无动于衷。

这怎么行？一个大姑娘，都一把年纪了，怎么可以一个人过？到了冬天，连暖被窝的人也没有。到了病时，连陪着看病的人也没有。

看人家家庭美满，你行只影单，没有婚姻的人生，总是残缺不全。

我不这样对她说。

我也不这样对好心旁观者那样说。

我只说，这样有什么不好？每个人，总有最适合自己的一种生活方式，何必要屈就内心，找一个搭伙过日子的人——为他洗衣做饭，时时受对方情绪的影响，甚至做半个保姆，半个厨娘，让他浪费自己的时间，支配自己的金钱，还支配自己的许多不情愿。

一个人，有一个人的好。

两个人的不好，凑合过下去，遍体鳞伤的，也不是没有。

你怎么可以这样说？你千万不能这样对她说。

我们都希望她能够过正常人的生活，做一个正常人眼中的正常人，有正常人的生活形式。

似乎，她不够正常的生活方式，倒成了别人心中的疾病，看着眼急、心急。

上班就好好上班，周末想睡懒觉，睡到多久也没人打扰。逛街，买自己喜欢的东西，或者一时兴起，就背起包，出外游玩。

这是一个多独立的女子，让人羡慕。她内心强大，她完全可以自主自强，不用外来的力量去干扰，去左右。

只有内心强大的人，才可以在不够随性的生活里，尽量随性地生活，随心而过。

谢冰莹在《海恋》中，提到她对海的热恋。她喜欢听柔风和海涛的蜜语，看海水吻着海滩。即便死了，也要悄悄地投进海的怀抱，让雄壮的海涛为她奏着哀歌，让温柔的海风轻轻拂在碧波上的玉体，月儿和星星放出慈祥的光辉为她追悼。

悄悄地，没有一个人知道，除了月亮、星光、风和海。

她说，这是多么美，多么快乐。海是有怎样的魔力？躺在海里，即便是死，也是幸福。

这样的随心随意，也许，是一种出世的心态。

我不太喜欢海，大抵是因为不会游泳。虽然它壮阔、宁静、深邃，无边无际，但在它的一切表层底下，都是深不可测的危险。

对于危险，人总有一定的回避能力。

当一个人对外在的环境有了趋利避害的心态，就不会再随性了。

小说的桥段总是这样：一个落魄男人，遇到一个能够利己的女人，在事业上能成就自己，在生活上能帮助自己，于是他使用一切恋爱中的手段，使女人认为他是爱自己的。他也以为，这就是爱，那些攻势，可能他自己都认为，爱情就是这样子的。

时过境迁，他再遇上一位梦中情人模样的女子，心中完美的爱人形象，他便开始动摇了。或者即使不动摇，心已然不再在婚姻之内了。

可是，由不得随性。既入围城，想走，哪有那么容易?

利害还是要计较的。

财产的分摊，还有子女账，一切的明细账算下来，还是想开了吧。哪个人都是这样一辈子过下来的，从纸婚慢慢到金婚、钻石婚。你以为，那些钻石婚的男女，对彼此都是一百个满意吗?

大路朝天，各走一边。那是一时的话，各走一边的人有时也会串道。

并行走的路，有时候会走得很长，有时会走得很短。可是，哪有一条道走到黑的道理?

漫漫长路，一路走来，那些互相支撑的勇气，那些相互温暖过的情怀，那些蛛丝马迹的暧昧，或者那些熟视无睹的陌生，那些点头微笑的示意……都会在阳光起时，如露水渐渐幻化成水气，融入空气，消失不见。

做一次说走就走的旅行，你可以吗?

我知道，我不行。

在单身无孩的日子，我一穿上韩版的服装，就会有人喜笑颜开地问:“你有了?”

“有什么了?”

“结婚几年，怎么没个孩子呢?”

没有孩子的生活，也不见得不好。别人的急与当事人的淡然成了反比，你越不急，人家越替你着急。

于是，连韩版的服装也不敢穿了。

有了孩子的日子，满身散发着母爱的光辉。旁观者仿佛做了天大的好事:怎么样，还是有孩子的生活实在吧，我说得对吧?

我本不随意，总是要按照大众正常的样子生活下去，曲高和寡怎么行?独立特行怎么行?不亲民近民怎么行?你是民众的一分子，必然要回到民众中，做一个埋在民众里，像一粒找不出来的微尘。

凌寒独自开的梅，随性吗?

桃李闹春枝的花，随性吗?

搏击长空的雄鹰，随性吗?

什么季节，开什么花，在什么样的环境，过什么样的生活。

在这样的季节，这样的环境，尽情飞翔，尽情绽放。这样的随心随性，还是要有的。

梅也罢，桃李也罢，都是自然里的植物。一如人，本也是自然生态——其性使然也。可梅因有傲骨，故耐得其寒，桃李有芳心，遂艳容妖冶，招蜂引蝶。

人呢，该有骨的时候，该有心的时候，都要四处看看，可否有碍瞻观，可否适合民意。

佛家教人随性而生，不要让任何事情牵绊你，跳出三界外，不在五行中。

有佛心的人，可以做到不嗔、不骄、不怒、不痴。

还是喜欢自然里的一切：河道的青草，想怎么长就怎么长；路边的歪脖子树，爱怎么伸枝杈就怎么伸枝杈；漫坡的野花，该怒放的时候，谁也阻挡不了它面向阳光使劲吐蕊摇红。

一直觉得退休以后，到了老年，终于可以随性而活了。

不用被上班的闹钟催促，不用受家长的约束。可是当老一辈的人要做一次旅行，孩子们总会说，等我们有时间，陪您一起去，路上好有个照应。如果不能陪伴，那他们行走的一路上，多少电话在忙着询问，您一路可好？您要注意身体，您千万不能像年轻人一样爬那么高的山，您一定要注意饮食，有什么紧急情况，记得第一时间打电话啊。

也或者说，您怎么有空走开，您的孙子谁来带，您走了我们下班回家吃什么喝什么？或者是说，您一把年纪了，还缺什么？不是什么都不缺吗？儿女能在旁边陪着，就是您的福气呢。

你看看，都说了些什么话。

随性的老子辈发了怒，大喝一声：给我滚，有多远滚多远，狗崽子，你现在翅膀硬了。不随性的老子辈，低头叹息：唉，哪家的爷爷奶奶不是忙着继续抚育下一代？

当然，看着那些推着小皮箱，过着恣意行走日子的老人，看他们受着儿女关心电话的打扰，于是心里想，等我老了，也做这么一个随性的老太，想跑哪就跑哪，想到哪个地方旅行，就去哪个地方。

再看看他们，似乎也在心里美滋滋地想，多孝顺的孩子呀。随性地活过，还有那么多叮嘱，那么多约束，这是有多少关爱的心呀，都是看不见的丝丝蛛线，以爱的名义，将人紧紧包裹，并乐在其中。

跳舞——气质女人的资本论

路边的叶子已经开始抽芽了。

沿着石板铺的曲径，我悠闲地走着。一个穿着艳红上衣的女人，手里提着水果，低头疾步从我身边经过。

我是认识她的，并且很熟悉，虽然不知道她叫什么名字。已经60多岁的女人了，还穿得这么艳丽，五官有精致的妆容，头发是大卷，披在肩头。

我就这样在她身后，跟着她，一直走。

其实，认识她，也是偶然。夏日，到处都是露天舞场，有时我会驻足观望，唯一醒目的，就是她——

穿着大摆裙，水晶鞋，带着不同的人跳舞。

那舒展的舞姿，无论是伦巴还是恰恰，亦或者别的什么舞，她都跳得十分招眼。专业的动作，跨步、扭腰、回眸，种种风情，都在倾腰逐韵间。想必，若是穿越回唐朝，她必然也是“袖轻风易入，钗重步难前。笑态千金重，衣香十里传”。

她的表情有时是严肃认真的，有时是亲切的。

因为与众不同，也或者是因为那气韵，那神态，那舞蹈中张扬的自信，让见过的人都记忆犹新。

有舞蹈底子的女人，走路的姿态都是特别的。很多人这样说。

“乍暖还寒时候，最难将息”，人们总是在季节更替时，迫不及待地重复着自己喜爱并习惯做的事情，爱好跳舞，像昨夜一个依稀尚存的梦。

跳舞的女子越来越多，随处可见。

夏日里的广场上，到处歌舞起伏，到处流光涌动。金光初起，或者夕辉收敛了余光，空气中飘荡着音乐。

我已不止一次，在路边广场，在公园深处，在河边桥栏附近，看见那一张张笑脸，互相问好，然后跟着音乐，开始修炼。

参与者大部分是中老年人，也有少部分稍年轻的上班族，女士更多一点。这种曾被误认为只是街道大妈、大婶自发兴起的广场舞蹈，后来，经过仔细考察才明白，也是有着很深的历史渊源。

据艺术史学家考证，人类最早产生的艺术是舞蹈，而广场舞又是舞之母，它源于社会生活，产生在平民大众之中。

如今人们热衷的广场舞还保留着早年的民间艺术形式，只是在传承和发扬的过程中，改良光大了，增添了不少与时俱进的内容。

我经常去河边广场。领舞的女子，已是中年，但她苗条轻盈、气质优雅，举手投足之间处处皆有范儿，吸引很多路人驻足观看。

没关系，如果喜欢，你也来参加吧。她用自己的舞姿，向路人无声示意。加入的人，或许是曾经萎靡抑郁的人，也可能是易怒的愤青，但彼时在一群人中，随歌而舞，大家点头问好，心态平和。

跟着舞吧，好看与否没关系，大家都无拘无束，大家都毫无间隙，那些失落空虚的角落都被舞时的充实细致地铺满，经历了舞蹈的修炼和音律的熏陶，每个人都觉得自己朝气蓬勃。

好吧，你看快50岁的女子，跳起舞来，20岁的女孩子也不能及。

正羡慕，那边笑。这广场舞跳了好几年了，总是有些底子的，随便什么舞，看过自然领会其姿态，健康也是由这锻炼而来的。

不仅是为了健康。你看，她们的脸上，写满了对生活的热爱。

还真别说，跳舞的女子，无论老少，当音乐起，随歌而舞时，她们周身都散发着一种光芒，瞬间就照亮了明艳的脸庞。将自己舞成月光，跳着一段节奏明快的舞蹈，每一步我都喜欢。

招收学员的短发女教练，极瘦，她立着不动，也是丁字步，腰挺直，头微扬，不似街上随处可见的那些低头弯腰玩手机的年轻人。这立姿，这微笑，都向上，焕发着一种光彩。

在大型晚会上，她带领着小演员跳着拉丁舞，将热情与风度一同展示给观众。

很多女孩子的家长，现在都很注意孩子的气质培养，很小就送去学舞蹈了。只要见其行走姿态，只要见其举臂动作，甚至，那些人低头伸腰的样子，都不一般。

一如“柳腰轻，莺舌啭。逍遥烟浪谁羁绊。无奈天阶，早已催班转。却驾彩鸾，芙蓉斜盼”。

古时大家闺秀，待字闺中，大抵琴棋书画都是要会的。

南朝梁诗人刘遵《应令咏舞诗》曰：“倡女多艳色，入选尽华年。举腕嫌衫重，回腰觉态妍。情绕阳春吹，影逐相思弦。履度开裾襵，鬟转匝花钿。所愁除曲罢，为欲在君前。”

那些舞，无论是为了悦人还是悦已，亦或者为了生存，都是令人喜欢舞者带着灵魂舞动的姿态。

每年春晚看节目，无论是“青花瓷”，还是“孔雀舞”，亦或者“千手观音”……甚至，平素也选台看《舞林争霸》。无法形容那些舞者在舞时的美，妆容绝世，妙舞如仙，衣香十里，步如飞燕。出尘如仙，傲世而立。转、甩、开、合、拧、圆、曲，流水行云若龙飞若凤舞。

舞下去，从容而舞，形舒意广。当心遨游在无垠的太空，远思长想，所有动作，雍容不迫，惆怅还有吗？寂寞还在吗？舞下去，像是飞翔，又像舒枝展叶，女人此时的舒展全然如花地绽放。

有人说，艺术是用来欣赏的。而能够被人欣赏，被人关注，被人艳羡和夸赞，是女人最受用的。

当女性把广场当做会馆的舞台，她们穿着舞服，每一次去运动，都精心打扮，以完好的姿态出现在大众面前。

物我两忘，轻轻摇摆，虽然舞技水平参差不齐，但那一刻，快乐热闹是真实的。窸窣的裙摆，转动的脚步，一首首欢快的乐曲之后，已跳得汗水津津，但依然意犹未尽。

关上手机，离开 WIFI，来到人群。和所有人一样，轻轻起舞，不媚俗，不造作，站在和月光亲近的角落。

君子兰盛开了，风中碧叶如玉，点点清香盈满着自己曾被磨损的骨架和心智。即使这时起风，黑夜中央，我也要在音乐中燃烧。

写博——你要的，岁月都会给你

生活似乎无味，岁月悠悠然过去了。

每到新春，忙着备年货的人都在叹息，旧年似乎刚刚过去，转眼新年又来了。真快，真是快，快得似乎只在一呼一吸之间。

回首看，哪有那么快？这日子，一步一步走来，一年光景中做了好多事情，有忧伤，有明媚，有收获，有成长。

看看我那《醉在音乐里的小时光》，那《北戴河游记》，还有于西藏《邂逅矮房子》音乐酒吧，于大昭寺前，盘腿坐于凉滑的石板上，让心穿越时空……

一点点，一幕幕，重翻博客文字，图文之中，深藏岁月。

岁月见证，人生一直在路上，丰富多彩，不曾虚度。

写博，从2007年开始。

那更早的日子，那些童年的往事，都在博客里，以文字的形式让记忆又一次伸着触角，长着吸盘，吸附起旧日那些尘封往事。

刚开始写博客的时候，总不理会别人的那些论调。只是写，写我所见的大肚新娘结婚进行曲，写我外出旅行时不做随流客。收到学生的明信片也会写，写那些明信片里饱含的深情。

回忆自己学生时代，也会选择带着亮片、画着冬雪中亮着灯光的小屋和常青树的贺卡送给老师。

在我眼里，是这些温暖带给我指引。

写我怀孕的日子，那些生活中的点点滴滴，我都禁不住为之歌唱。无论是孕中穿着先生的衣服写出了《将军风度》，还是《为爱低头》，也或者是《审美差距》，孕事也疯狂。

当然，也写教育故事，写对音乐的理解。

码字，当然既省钱又赚钱。

想当初没事可做时总是逛街，一逛，钱包就苗条了，衣橱就丰满了。现在写博，然后有文友留言，有文友欣赏，互通来往之后，见识便也广阔起来。

当这些字变成铅字的时候，赚钱，也赚得让人有成就感。

不管这种方式是老套还是矫情，都不在我的考虑之列。更多的时候，写博，是情绪无以宣泄时的情感出口，是闷在心里一吐为快的话。设为隐秘文章，只为自己排解忧愤，在自己的世界里，情绪无须掩饰。

写博，慢慢情绪不再阴郁，内心的堵塞被疏通，快乐了。

起先写的，是没有重点，没有主次的。再久一些，给自己的任务却是，要创作，要思考，要成文，这是一种非常有意义的学习过程。

博文越来越多，日子就在这些博文里丰厚起来。内心也在这些博文里，越发深刻。

日志质量也越来越讲究，从开始只言片语的流水账目，到如今在随意、轻松、即兴的同时，寄托一点情感，记录一点思考，包含一点知识，书写一点体会，保留一点个性，坚持一点自我。

某日，与一位朋友聊天，对方说，像你这样的女性，该属文艺女青年的范畴，都是心高气傲，不切实际。典型的文艺女青年大多喜欢不着边际地胡思乱想，喜欢把一些简单的事情弄得特复杂，最后连自己都搞不清怎么回事儿了。女人是不可以成为文青的。

当然，这种女性，嫁谁都觉得错，总有好高骛远的毛病。

我听着，心里颇有微词，辩驳起来也有些激烈。

质问，那么你现在是在和谁聊天？你觉得读书写作的女子这样那样都不好，何必在这里与她津津乐道。

道不同，不相为谋。然后果断清除在好友列表之外。

在我看来，无论男人女人，众生都难逃世俗相。有了一定的阅历，有了一定的经验，都会在听别人讲话时琢磨一番，或者含笑不语，或者把简单的话按照一些条条框框去加以理解，把简单的事，搞得复杂起来，把平常的事，推理得深刻且多余起来。

现实的生活，是叫人去接受不同，去理解不同，不是去指责和逃避不同，不是叫你把你的认同强加在别人认为的不同上。

每个人，在种种环境中，何尝不需要保持自己的一份真和坚持，何必非要与世俗共染。文艺的女子，有着纯真，有着深刻，有着敏感，也同样有着明媚和美好。

总听人说，文艺女青年是危险的，你没法跟她们过日子。如果文艺得不是太多，还是有些情趣的。

文艺女青年大多心思繁茂，处处与平常人不同。我们过日子，还是希望尽可能没有冒险以及与之伴随的华丽，毕竟婚姻生活不是诗情画意，奢侈不起。

好吧，如果文艺也有错，那么这些错，也不是平凡人可以享受得起的错。

三毛、张艾嘉、棉棉、卫慧、徐静蕾、刘若英、洪晃……这些美女或才女在自己的一亩三分地里折腾得不亦乐乎，她们构成了现代文艺女青年的主流。

她们都很好，很仗义，也和各层次爱慕者保持一定的距离，哪怕有时是貌合神离。没办法，她们就是这么矛盾，实在是让很多人不理解，却又很喜欢。

回头看看自己，对走过的博客岁月，我是珍惜的，对每篇博文的书写，我是认真的。

有个大人物曾经说过，一个人的能力有大小，只要有坚持理想的精神。是的，我在经营自己的博客上，坚持了这样的追求。

就这样，在博客里，写着写着，把一个贪玩电子游戏，追求二人世界小爱情的女人，渐渐变成了一位安静的，对生活有了新的理解的，更加知性的女子。

在文字中遨游，在书中徜徉，自由、舒畅地耕耘；可以尽情地捕捉、接收、吸纳，让自己变得好看而不过分美丽；有主见但不激进；接受人生中最常态的现象，也对非常态给予更多的理解与宽容。

写着写着才发现，在这些日子的思索与积淀中，对生活充满了热情与期望，懂得了时时珍爱生活，感受幸福。

行车——四处闲逛，抚摸城市

一个城市有一个城市的气息，一个城市有一个城市的味道，一个城市有一个城市的面容。

一个人，走在长长的街上，看着街上的车水马龙，像所有熟悉的路一样，热闹，繁华。所有的城市，都离不开这些车水马龙；离不开路边的白杨或者梧桐；离不开鳞次栉比的商场高楼；离不开巨幅的广告；离不开熙熙攘攘的人流。

可是，总有许多不一样的地方，需要你去触摸和聆听，然后才能贴近，才能融入。

我喜欢在周末的时候，一个人一辆单车，就这样漫无目的地穿过繁华的街道，穿过宁静的湖畔，与暖暖的阳光一路随行。

在北戴河，单车给了我太多印象。那是一些二人骑的、三人骑的、四人骑的单车，绿色的、黄色的、明黄带着艳红的。有的是四轮的，有的是三轮的，更多的是两轮的。

这些车子，都用来出租，按小时租，按天租。最好的交通工具不过如此，使你随意行走，使你紧贴城市的根基，使你毫不担忧租价。

一家三口，骑着长长的车，男人在首，扶着车把，女人在后，扶着扶手，孩子在中间，东张西望。

一晃而过的公交车，漫步的情侣，疾走的上班族。

在北戴河旅行的日子，我们就这样，骑着单车穿行在大街小巷。

仿佛，自己就是城里的居者而不是旅客。

遇到喷泉或者广场建筑，车歇在一边，人歇在另一边。

买点水，仰头喝。眯着眼，红色的巨型山体喷泉，哗哗地响，来来往往的人，擦肩而过。也有时，去到小巷子，立着招牌的有海鲜店有食品铺子，还有当季的水果，红红白白，青青绿绿。

下了车走进去，上几盘海鲜，来一瓶啤酒，顺喉而入的，是海风还有海货，游入肺中，悠悠荡荡。

人间烟火，就是如此。我说。先生说，不一样的。

在海南，处处可见椰林风光，碧海蓝天。随处可见，红红绿绿的裙，印满大花的岛服。随处可见扛着游泳圈趿着拖鞋的人。也随处可见，海鲜排档，高楼，林荫道。

我更爱那段生活在苏州的日子。

那样一个性情温婉的城市，适合步行，更适合骑上单车，随处行走。

平江路上，年深日久的青石板路，在小巷子里泛着岁月的幽幽光芒。

有时，天有微雨，空气中飘逸着栀子花的清香。就这样，在细雨中，一寸一寸感受着雨的清澈与细微。绵绵雨声里，路面把小巷衬得玲珑剔透，意味深长。

每每穿梭在粉墙黛瓦的小楼旁，车行于石板铺设的纵横芳径，总觉得老巷子那样深、那么静，那些石条拱起的飞桥在流水淙淙中交错于街。

停下车，支着脚，在这个城市的某一隅，看着那些写生的人，支着画架默默无语，专注书画，时不时，大街小巷流淌着从历史飘来的幽香。那些流光溢彩便从画布里飘出来，古朴、典雅、深邃。

观前街是常去的地方，像所有的步行街一样，热闹繁华，灯火如织。从人民路一路骑行，常可看见那些历史遗留下的朱墙，颜色斑驳，从身边一晃而过。每一段路，都是踏着历史穿越到今。

在盘门，沿着河走，可以走到水流交错的地方，渠渠相通，桥桥翘望，各抱趋势。舟楫于河中穿梭，小船摇橹之声不绝于耳，乌篷、画舫游船荡波飞驶。

远处大桥上，汽车飞奔，商馆酒肆、舞榭歌台，旗幡招展，牌匾生辉，相拥相簇。

繁华与古老并存，静静立在河畔。河岸上的老房子，家家户户都有通往河道的石阶，有人在那里打水，有人出来洗衣服，仿如时光停滞，岁月悠长。

就这样骑着单车四处逛。

车轮在这样的路、那样的路上碾过，几片黄叶在轮底追逐，然后又慢慢静下去。有时风挑起几缕流沙，顺便留下轻微的呼吸。

有时候漫无目的不是迷失，而是一种解脱。有时候远离习惯已久的地方，才能听清自己的心声，才能感受到真正存在的自己。

骑着单车四处走走，你更能清楚地感受自然。

在西藏旅行的路上，我常能看到那些戴着头盔、骑着单车的一人或几人的旅客。老的少的，一路上风餐露宿，作为行者的他们，一辆性能极优的单车是必备之物。

曾经听一位骑单车的驴友谈及他骑车旅行的见闻。他说经过骑车旅行，锻炼了身体，浏览了祖国的大好河山，美丽风景尽阅眼底。

旅途中，眼睛里是天堂，屁股坐着地狱。行进中，充满着艰辛，前一段翻越秦岭山，陡坡骑不动，只能推行，要知道单车上还有几十斤重的行李。

真是一种磨难。旅途中也曾发生过危险，下坡时滑倒，摔碎了头盔，撞伤了耳朵，摔裂了肩骨，差点回不来了。

可是依旧这样，骑着单车，从一个城市到另一个城市。依旧这样，一路前行，一路体验。

家乡的小城，公用自行车也随处可见，绿白相间，整齐地排列在专用停车处。

常常看见大街小巷，有人骑着车，慢悠悠经过。而我却已经很久没有再骑过自行车，没有那样随意地走在这个日新月异的城市，记住每一条街道的名字。

城市在不断地改头换面，而我正渐渐失去初心。如果不是需要开车，便选择步行，骑车的生活日渐远去。

儿子开始学骑自行车了，于是我便常跟在他的小自行车后面，一路奔跑。母子俩，留下一阵阵笑声，在空气中回荡。

曾以为，是什么使得你走得太匆忙，遗失了骑往幸福的单车？而此时想，大抵是要等到孩子再大点，和他一起，继续将单车骑上，和孩子一起，随处闲逛，抚摸城市，追赶阳光。

集币——让时光零存整取

存钱罐缓慢地增加着体重。

零头碎脑的钱，派不上大用场，放在口袋里也容易丢失，所以都放入储蓄罐里，因此它日渐沉重，日渐丰厚。

小时候，能够有些小零钱就觉得自己很富有。当然，通常衡量富有用两种方法：一是看收入多少，二是看支出多少——把消耗减至最低。

我凭借后者，让每一枚镍币都很长寿，它们闪烁着银光，有着虚幻之美。

储蓄罐也换了好几个，先是一个塑料的小熊，一张笑眯眯的脸，伸着两手，好像在吃东西。

硬币盛在肚子里，很安稳地住在它们的居所。并且因为透明，所以挨挤在一起的硬币，很大程度上让我有种满足感。

如果自己看中了一本小人书，或者一支漂亮的发夹，而父母又拒绝付钱的时候，我就会打小熊的主意，偷偷从它肚子里取出一些，换取物质享受，并做到天衣无缝，皆大欢喜。

那个时代的孩子，用钱的地方似乎很少，那时父母说得最多的就是“节俭”二字。

凡是可以压缩的开支，必然压缩。

当硬币攒到足够数量，一个来自成年人的预谋就开始了。和蔼的声音说：“用你存的钱给家里买个电吹风好吗？”

当然，这电吹风是属于你的。你看，每次洗过头发，把你的头发吹干，天冷的时候就不容易感冒了。

当暖风呼呼吹动柔软的发丝时，我的自豪感也油然而生。

当然，全家人都用这个电吹风的时候，我也觉得自己为此做出了巨大的贡献。

为了显示自己的孝心，在又一次小熊肚子吃得撑不下的时候，我主动提出给妈妈买个围裙。

那时，妈妈的眼神中，有一种我看不出的清亮，有我读不出的温柔。但我明白，妈妈是感受到了一份来自硬币之外的感动。

只是后来发现，我的财富似乎只限于一个小熊的肚子那么大，这时候我改变了主意。在夜市上看到有手绘图案的彩陶储蓄罐，我央求了半天，终于拥有了一个不会轻易砸碎的彩陶小猪。

这只小猪，嘴里可塞进硬币，但身体其余部位，再无洞口。“嘀嘀”欢笑之余，看着这只能进不能出的小猪，心想，这下好了，我的小猪从此成了死期银行。

除了用手头的钢镚买几根果丹皮或爆米花，我不肯轻易砸碎瓷质的小猪去换取更好的物质享受，因此我的零用钱几乎为零。因为，每有一角、五角、一元的硬币，我都把它们存了进去。

日渐沉重的猪身给我带来的，是无以言说的精神财富。

积沙成塔，聚少成多。想来，深山古寺里箪食瓢饮、竹杖芒鞋的清简僧人所言：“一沙一世界。”

这一罐罐硬币，排成了队列的时候，我已悄然长大。

砸碎其中两只，足够我买一辆自行车。

骑着漂亮的自行车，很拉风地行驶在林荫道上。少女的梦，连同那飘舞的裙子，就盛开在人生的一段路程中。

在成长的路上，父母对于我这样往储蓄罐里投零花钱的偏执做法，含笑不语。

或许哪一天，在家中急用时，我的钱，还能救急。心里常这样想。

当然，这样的事情终究没有发生过。

而那些硬币，终于在某天换成了一张张百元大钞，换回了许多实惠的物件。

人渐长大，在工作之余，也要记得休闲。

当我的人生在某些时候，将休闲当做享受生活的时候，妈妈说，你还记得小时候存硬币的事情吗?

怎么不记得？那是曾伴随了我整整一个少年到青春时光的美好记忆呢。

你终究知道，要买更贵重的物品，需要更多的大钞。可是，你的快乐时光，何尝不是那些硬币的体现？如果不珍惜那些闲暇时光，不好好利用那些闲暇时光，回头看，可有留下什么印迹？

真正有作为的人，不只是将时间花在工作中，而是在生活处处，都能将时光零存整取。

在这些零碎的时光里，看些书，写点字，做些自己感兴趣的事儿。这样你会发现，你真正的成绩，也许不是出在你工作之处，而是那些小时光里的作为，给你带来的收获。

这话，对我的影响巨大。

不用说，那一篇篇文字，正是在这些小时光里，渐渐织就的。积字成章，积章成册。原来，人生处处都可以利用时光的边角料，将小小收获积少成多，然后，与梦想不期而遇。

整理——施与舍之间的态度

媛在她的手机里拍了几张照片，非人非景，是屋角的实木澡盆一个。纹理古朴，内设小椅，厚实笨重、高大，老幼皆宜。

想来，水流缓注，人在水中，必也是踏实安详。再若放上若干玫瑰花瓣，洒几滴香露，然后浸入满盆泡泡液中，高脚杯，独角灯，佐以怀旧音乐，如此沐浴，也是一桩美事。

只是内心好奇，如此甚好之盆，何必廉价转让？

购时，网页翻如书页，货比三家，淘宝、亚马逊、聚划算，家家对照，样样斟酌。

据说这澡盆，也是千里迢迢，从一家仓库经过出货，包装，再发货，成为罐装车里百千货物之一。你挨我挤，一路上这些裹着不同包装的物件之间，不知发生多少摩擦、磕碰、斗争。

物与物的排挤中，这只完胜的木盆，终于重见天日，被主人打开，组装，如安抚娇客般呵护，移至居室。

可是，不过多久，起初的新鲜、时尚、享受，却也要付出相应的代价：浪费水源，不够经济，占据空间。

它不言不语，百口莫辩，空空一张嘴，对着天，被移出浴房。

身价再贵，真正用起来，倒不如淋浴来得直接而干脆。

清理房间时，对这样的大物件，身价不菲的浴盆，她着实不舍遗弃，但置而无用，产生诸多矛盾。

不仅是这样一个占据卫生间的浴盆，还有那些小儿的旧衣，款式已经过时却没洗过几水的高档服装，都收着，没完没了地收着。

吃得太饱的衣橱，像难消化的肠胃，拥挤堵塞。旧的堆积如山，新的无处立足，旧物若依旧占据领土，新物又将置身何处？

所有的主妇都会在某时，心里发了狠地去整理，对看似整洁却无处安放的东西进行清除。书橱、书桌、抽屉……太多的东西需要被重新收拾。

那些穿过许久日子的旧衣，可以送给亲戚朋友家更小的小孩子。这木盆，高大上的物件，送人，舍不得。置之，碍眼。

怎么办？

低价转让，商场不是还有物品打折这样的活动吗？低价转让，总有想买的，卫生间足够宽阔的人家，相中了，会豪爽出价。

也或者，需要推销一下。

这不，在办公室里，都来瞧，我家的浴盆，低价转让。

C女士一眼相中，价格优惠得很，是原价的两折。太实惠、太经济，足够让人心动的跳楼价。

买吧。不过，这物件，也是要和家人商量一下的。

S 女士兴致勃勃地向家人描述浴盆如何经济实用，买回来给孩子洗澡，冬日再来个花瓣浴，那是一件多么令人向往的事。何况低价呢，买回来，是讨了个大便宜。

问题是：人家为什么要转让？你买回来往哪放？还有，用这种盆洗澡，你每次需要用多少水？

话不在多，句句是要害。

但，这边电话尚未挂断，那边 W 女士已经急不可耐，你不买，那我买了！立即掏出钞票，数出几张，钱已付，让主人连反悔的机会都没有。

我是不喜欢整理的一个人，总是把东西堆积着，直到无处堆积。

每若寻物，也如同来了一场浩劫，摆放整齐的东西，又一次次被东挪西置，只因为，突然间想到某件青花衫，一条老式围巾可以配此款外套，复古与时尚同在。

也有时，会因为寻找一张 CD 开始翻箱倒柜。

有时候，又会将许多看似华而不实的东西找出来，一些布偶玩具，或者檀木手链，或者还有孩子玩过的玩具。还记得看到它们时的心情——欢喜。于是不假思索，欣然带回。

曾经无数次觉得，那些东西，说不定还可以用到，所以总舍不得扔掉。那些旧物，承载了流年，不该被轻易丢弃。

但杂物堆砌，房间各隙，举目之处，皆觉累赘。人也在此间，不能心安理得。

于是面对旧物，就有了筛选。不管当初，是以什么立场来收留它们，也不论那些旧物，是否会使你的记忆一点一滴回笼。

可是，家里确实没有那么多地方了，人要活在当下，守着那些又有什么意义呢？

可你难道不觉得，物品是可靠的，它们是我们存在的证据。

昨日已过去，可只要看到旧物的存在，我就能确定自己以前的部分，还在那个角落里，以自己的方式活着——或许只不过是睡去罢了。

每次清理过程中，都会有犹豫，都会拿起来再放下，收在废纸箱里打包，又拆开看看。曾经的珍贵，在时光无情的舔舐中早已破败不堪。我对它最后的一抚一瞥，都是在宣判着它的命运。

常常想，经过最后的一掷后，它们的身份已经彻底改变。

小区的垃圾桶旁边，也有堆放的旧皮鞋、换下来的旧沙发，也有人会在那些地方停留，刚扔掉的东西，转眼不见。或许它们经过二手商贩，再辗转使用，最后，还是难逃劫难。

但再是心爱之物，都免不了时光在它身上恣意地刻下斑驳，直到面目全非。

有多少人，在面对旧物的时候，会不由自主地停下，心头涌上万般酸甜苦辣或柔情或浓烈的思绪，像纤柔的丝绸，那一端系着一个年代、一件事，或是欲遮欲掩的一张令人内心激荡的面孔。

好吧，来一次整理，彻底清盘。

儿子用过的点读笔，图文并茂，声音同步。笔到之处，配以故事，配以音乐，当时觉得这是一件多么有价值的学习工具，却因为孩子不喜欢，一直搁置。

不能继续搁置下去！朋友家的孩子正是听故事的时候，将有声读书送给对方，这是一件多么好的礼物。

孩子每天晚上点着最喜欢的故事，听着故事入睡，这真是最好的礼物了。对方说。

也有一些书，是杂志、小说。当初读后，便一直不再翻阅，那些故事，也波及着一些小情感，彼时像教科书，给我以思索，给我以经验之谈。

如今岁月过去，再回头看，原来那些故事已如幼儿画册。是自己经过历练之后，段位高了，也或许是文学发展，新故事比旧故事更错综复杂。

洗脸池边的毛巾、牙具、水杯，都可以换了。

当初，是一起去超市选的。选的时候，也是要配套的，讲究花色，讲究质地。如今，浸的水渍成了白斑水垢，着实难看。

还有那些积尘的日记本，那些曾经温馨可爱的毛绒玩偶……

就这样，一件一件被驱逐出境，然后又会有一件一件新的来占据这些旧日地盘。

重新整理过的房间，总是很简洁、舒适，有焕然一新的面貌。该丢的都丢了，放空了，不见不思。如今只有摆放得井然有序的新环境，没有被杂物堆砌的累赘，人也因此神清气爽。

彼时端坐书桌旁，收拾好的书桌有一大片洁净空余的空间。泡一杯绿茶，翻开新买的小说，那些或小清新，或美丽颓废的文字，在这样洁净的空间里，很容易使人坠入另一种气氛。

阳光一点一点从地板移到窗台，移到窗台上的一株文竹上，再移出窗外。接一通老友的电话，家长里短，语气轻浅，诉说着一些情绪。在这样的时刻，让内心的纠结坦露出来。

请你分享，那是一种信任，也是一种倚赖。想告诉她，一切都会过去，如这些旧物，一番整理过后，该清除的就清除。

可想来想去，终究一句话也没说出来。